智能聊天机器人技术内幕

探索人机对话的微观世界

刘聪　张瀚林 ◎ 编著

清华大学出版社

北京

内 容 简 介

人机对话是人工智能技术体系中一个很重要的分支领域，同时也是人工智能应用最广的场景之一。本书从人机对话的演进历程出发，从机器人的宏观架构到每个功能的微观细节，都进行了阐述。全书共 11 章：第 1、2 章介绍人机对话的发展史和人机对话的基础架构；第 3～8 章从用户语言理解、用户应答的方式、答案的生成三方面，详细介绍一套人机对话系统的构建方法；第 9、10 章介绍支撑人机对话系统构建所需的常用算法及模型相关的底层基础技能；第 11 章介绍以 ChatGPT 为代表的大模型在人机对话领域的运用。

本书可供具备人工智能领域先验知识的工程技术人员和对人机对话感兴趣的人士阅读和参考。

版权所有，侵权必究。举报：010-62782989，beiqinquan@tup.tsinghua.edu.cn。

图书在版编目 (CIP) 数据

智能聊天机器人技术内幕：探索人机对话的微观世界 / 刘聪，张瀚林编著 .
北京：清华大学出版社，2024. 11. -- ISBN 978-7-302-67530-3

Ⅰ . TP11

中国国家版本馆 CIP 数据核字第 2024DC6987 号

责任编辑：王中英
封面设计：杨玉兰
责任校对：胡伟民
责任印制：曹婉颖

出版发行：清华大学出版社
      网 址：https://www.tup.com.cn，https://www.wqxuetang.com
      地 址：北京清华大学学研大厦 A 座   **邮 编**：100084
      社 总 机：010-83470000   **邮 购**：010-62786544
      投稿与读者服务：010-62776969，c-service@tup.tsinghua.edu.cn
      质 量 反 馈：010-62772015，zhiliang@tup.tsinghua.edu.cn
印 装 者：小森印刷霸州有限公司
经 销：全国新华书店
开 本：170mm×240mm   **印 张**：17.25   **字 数**：320 千字
版 次：2024 年 11 月第 1 版   **印 次**：2024 年 11 月第 1 次印刷
定 价：79.00 元

产品编号：098814-01

　　随着大模型技术的突破，人机对话的图灵测试接近人类水平，其对于人机交互的革命性影响已初见端倪。基于人机对话技术的应用，如"AI 客服""AI 助手""AI 伴侣""AIOS"等，正以空前的速度融入人们的日常生活。本书从宏观到微观，以通俗的语言阐述了人机对话的基本原理和在垂直领域的工程实现细节。无论是人工智能领域的从业者，还是对人机对话感兴趣的读者，都能从中获得有价值的知识、实践指导和创新启发。

——何晓冬

IEEE Fellow，京东集团副总裁，

美国华盛顿大学计算机系兼任教授

　　人工智能的发展推动了各行各业的变革，逐渐渗透到各个领域。客服领域也不例外，人工智能正在替代一些标准和简单重复性的工作，通过智能客服机器人，企业不仅能够实现 7×24 小时快速响应的客户服务，还能提升解决问题的效率，减轻人工客服的负担，从而让人更加聚焦在客户复杂问题的解决以共情上，更加立体和全面地借助不同渠道提升服务质量和客户满意度。希望本书对相关领域的朋友们有帮助。

——卜礼宾

京东科技客户体验与服务部总经理

　　AGI 时代引领未来，AGI 的发展将从构建通用能力逐步转向各个垂直领域，通过重塑行业来推动变革。服务行业有着庞大的数据基础，同时服务足够标准化，这给 AI 技术能力的落地提供了非常好的土壤。我与本书作者共事多年，他们在人机交互领域有丰富的实

践经验，希望通过人机交互在服务场景的应用，加快服务行业智能化的进程。

——刘一浩

京东科技高级产品研发总监

　　从图灵测试被提出至今已经 70 多年，人机对话的发展经历了多个阶段，随着自然语言处理技术的进步，AI 已经能够理解和生成更复杂的语言，能参与和帮助人类的场景越来越多。目前在人机对话商业化过程中，两种主流处理方式（流式处理和端到端处理）相结合才是最佳实践。虽然本书不是专门介绍当前最火热的 GPT 大模型技术的，但是作为一名 AI 从业人员，也非常有必要从微观角度了解聊天机器人的实现原理。本书从人机对话的发展史到人机对话系统的架构，辅以垂直领域的落地案例展开讲解，相信读者心中对智能聊天领域的疑问，能从本书中找到答案或启发。

——贺林

京东科技高级技术总监

　　这是一本深入浅出地讲解智能聊天机器人的书，不仅涵盖经典人机对话的技术原理，也对当下热门的大模型端到端对话进行介绍，并从微观层面阐述如何从 0 到 1 地打造聊天机器人的过程。不论是 AI 开发者还是对 AI 感兴趣的初学者，本书都有较好的参考价值。

——王运锋

四川大学计算机学院教授，AI 与信号处理领域专家

机 缘

笔者在京东科技集团工作期间，负责人工智能和客服聊天机器人相关产品的研发。当时因业务发展招募了很多新人，包括应届生和社会专业人士。而在客服聊天机器人打造过程中沉淀和迭代的产品和技术文档，通常只偏向于阐述技术核心和思路。对于在人工智能或聊天机器人领域毫无涉猎的人来说，没有背景、没有上下文、没有通俗的讲解，是很难快速融入和掌握的，公司也要耗费较高的培养成本。于是笔者萌生了写作本书的想法，尽可能系统、通俗地去梳理和讲解机器人打造中的故事，将理论和实践相结合，这样不仅能让内部员工更快地学习，也能将一些思路与想法和外部发生碰撞，带来良性的正向反馈。

笔者正在写第 2 章的时候，同事张瀚林提出想加入进来一起完成本书，笔者欣然同意，感谢张瀚林的加入，让这本书的诞生提速。

本书结构

本书共分为 11 章，各章内容介绍如下。

- 第 1 章 "人机对话的前世今生"，讲述人机对话的发展历史和分类分型，让读者了解人机对话的背景，更有利于深刻理解当下机器人架构的起源。
- 第 2 章 "人机对话系统的架构"，讲解人机对话系统的总体架构，让读者先从宏观层面对人机对话的四层架构有个大体的认识，然后针对四层架构中最为核心的服务层进行详细拆解和阐述。通过本章的学习，读者能宏观了解人机对话系统的构成以及服务层的五大模块，为后续章节的学习打下基础。
- 第 3 章 "理解用户的自然语言"，主要讲述如何从机器人的视角去理解人类的语言，并将人类语言转化为机器可以识别的形态。

- 第 4 章 "应答对话管理：会话状态追踪"，会话状态追踪是贯穿整个人机对话过程的重要信息载体，这里对会话状态进行深度剖析，让读者进一步理解会话状态的结构和微观世界。

- 第 5 章 "任务型 DPL 引擎"，重点介绍任务型应答引擎，它是任务型对话机器人的核心部件，是机器人和人类能多轮交互的基石。

- 第 6 章 "任务型 DPL 引擎：场景流程推进详解"，主要围绕场景流程推进过程中的场景聚合服务、场景域、交互流程域、节点域、资源域五个重要环节，逐一进行讲解和分析。

- 第 7 章 "对话管理：其他应答 DPL 引擎"，重点介绍除任务型之外的问答型、推荐型、闲聊型应答引擎。

- 第 8 章 "答案的生成"，通过前面章节的学习，读者已经了解任务型、问答型、闲聊型、推荐型应答对话管理中的应答策略，这些处理步骤的结果被传递给答案生成模块，该模块负责将这些处理结果转化为用户可以理解的答案形式。这正是第 8 章的主要内容。

- 第 9 章 "必备算法基础"，介绍应答流程中常用的算法知识，包括词向量、序列标注、文本分类以及生成式对话等。这些算法能处理用户输入的问题并生成准确答案。

- 第 10 章 "模型训练与服务化"，主要讲解如何将算法从训练开始构建一个模型服务，主要包括模型的训练、推理、部署与服务化三部分。

- 第 11 章 "ChatGPT 带来的新机遇"，主要讲解目前风靡全球的 ChatGPT 以及大模型的运用。

拥抱充满变化的时代

最近十年，信息技术和人工智能技术的飞速发展让全世界都为之兴奋，我们也看到如 Google、微软、OpenAI 科技巨头快速迭代自己的 AI 产品或模型，在这个过程中充满了不确定性、挑战和机遇。在人工智能领域，笔者希望贡献自己的一份微薄的力量，如果读者有幸从本书中获得一点思路或启发，笔者将无比欣慰。

写在最后

本书由刘聪负责全书内容的规划、统筹和审阅；并由刘聪、张瀚林共同编写。

本书的编写得到了京东科技集团卜礼宾、刘一浩先生以及人工智能业务部等兄弟部门的支持，在此对你们表示由衷的感谢！

另外要特别感谢清华大学出版社王中英编辑在这个过程中所提供的帮助和支持。

由于编者水平有限，书中难免存在疏漏之处，恳请广大读者批评指正。

编者

2024 年 11 月于成都

第 6 章　任务型 DPL 引擎：场景流程推进详解

第 7 章 对话管理：其他应答 DPL 引擎

第 8 章 答案的生成

第 9 章 必备算法基础

第 10 章 模型训练与服务化

第 11 章 ChatGPT 带来的新机遇

第**1**章

人机对话的
前世今生

　　本章将介绍人机对话系统，按照时间线介绍一些具有代表性
的人机对话系统及其演进过程，并直观讲解人机对话系统的分类
方式及使用场景。

1.1　什么是人机对话系统

人机对话系统是一种能够实现人与机器之间进行自然语言交流的系统。它基于人工智能和自然语言处理技术，使机器能够理解和生成人类的语言，并通过对话与用户进行交互。人机对话系统通过模拟人类对话的特点和方式，与用户进行流畅而自然的交流。用户可以通过声音或文本向系统提出问题、表达诉求，而系统则通过理解用户的意图和语义，做出相应的应答或处理。

不同类型的人机对话系统目前已经在不同领域和应用中发挥作用。例如，"语音助手"在智能手机和智能音箱中被广泛使用，它们能够通过声音输入和输出进行对话，并提供广泛的功能和服务；"智能客服"用于企业和组织的客户支持，回答常见问题和提供解决方案，提高客户满意度和服务效率；"虚拟个人助手"帮助用户管理日程、提醒事项、发送消息等；聊天机器人专注于给用户提供有趣和娱乐性的对话体验。

综上所述，人机对话系统致力于为用户提供自然、智能和交互式的对话体验，以满足用户的信息需求，完成用户安排的日常任务，同时也能提供娱乐价值。当前，人机对话系统还在不断地发展和改进，利用机器学习、自然语言处理和其他相关技术，持续提升其对话能力与用户体验。

1.2　人机对话的演变

机器可以自己思考吗？或者进一步来说，机器可以像人类一样思考吗？从 20 世纪开始人们就在讨论这个问题，并且在 20 世纪初期人们开始把这一想法写进了科幻小说中，从 1921 年的《罗素姆的万能机器人》到《绿野仙踪》中的铁皮人。这些形象让大众开始了解人工智能机器人的概念。到 20 世纪 50 年代，开始有一批科学家研究人工智能技术。他们其中一位就是艾伦·图灵（Alan Mathison Turing），图灵认为机器也可以像人类一样通过信息来推断和解决问题。

1950 年，图灵在他具有里程碑意义的论文《计算机与智能》的开头提出"机器会思考吗"这一问题。图灵描述了一个"模仿游戏"：一个人扮演提问人的角色 C，并且对不同房间的玩家 A 和玩家 B 提出书面问题。玩家 A 和玩家 B 中，一个是计算机，另一个是人类。游戏目的是让提问人确认哪个玩家是计算机。提问人 C 只能给通过向玩家 A、玩家 B 提问，并且通过他们的书面回答来推断谁是计算机。如果计算机成功让提问人认为自己的答案是人类回答的，那么这个计算机就通过了图灵测试，如图 1-1 所示。

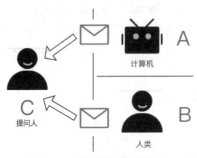

图 1-1　图灵测试描述场景

图灵测试已经被提出 70 多年了，在这 70 多年间，人工智能已经有巨大的发展，已经不限于使用机器模仿人类说话这一场景，目前的智能已经扩展到通过视觉、听觉等各种方式来检测外部环境，如智能驾驶机器人、深海探测机器人、腹腔镜机器人等。有人提出图灵测试已经失去了意义，这是不对的，其意义在于它提出了一种衡量"智能"的标准。这个标准有助于人类更好地探索什么是智能，智能的本质是什么。图灵测试定义了人工智能的范围，只是随着技术发展，这个范围被扩大了很多，但是并不影响它作为测试人工智能的一项标准。

1）1966 年，聊天机器人 ELIZA

图灵测试被提出十多年后，第一个聊天机器人 ELIZA 在 1966 年被创造，ELIZA 是个模仿心理治疗师的聊天机器人，它通过文本匹配的方式去回答用户的问题，包含同义词库、不同会话主题的短语、日常问句等。因为它只是通过固有规则去匹配，导致它能够回答的知识有限。尽管如此，这种方式也为人机对话系统之后的发展提供了灵感。

2）1972 年，聊天机器人 PARRY

在 ELIZA 发布后的 6 年（1972 年），一款名为 PARRY 的聊天机器人出现了，PARRY 模仿的是精神分裂者，PARRY 比 ELIZA 的先进之处在于它拥有了"个性"，通过检测对话中用户话语权重的变化，来执行不同的预设反应。

3）1988 年，聊天机器人 Jabberwacky

1988 年一款能够模拟人与机器人相对自然聊天的人机聊天机器人 Jabberwacky 被开发出来。Jabberwacky 的先进之处在于开始使用上文信息，使用上文模式匹配的方式，根据之前的讨论内容做出响应。

4）1995 年，聊天机器人 ALICE

1995 年，一款代表性的聊天机器人 ALICE 诞生，ALICE 受 ELIZA 的启发，将基于模式匹配的方式作为主要的应答策略，这种应答策略通过人工智能标记语言（Artificial Intelligence Markup Language，AIML）来描述。AIML 是一种模板描述语言，基于 XML 格式进行描述。整个 ALICE 的知识库由大约 41000 个模板和相关模式组成，与只拥有几百个关键字和规则的 ELIZA 相比，整体的应答内容丰富了很多。

如下是一个最简单的 AIML 模版用例：

```
<category>
<pattern> 你好 </pattern>
<template> 您好，祝您开开心心每一天哦 </template>
</category>
```

加载这段 AIML 模板时，如果用户输入"你好"，ALICE 机器人将响应"您好，祝您开开心心每一天哦"。除了上面最基本的用例外，AIML 还可以用变量引用、分支判断等复杂语法，来满足相对复杂的交互模板。

2000 年后，人工智能聊天机器人有了更进一步的发展，特别是随着互联网的发展，聊天机器人可以和互联网结合在一起，极大地丰富了功能性和实用性。用户可以通过语音与聊天机器人进行交互，帮助用户发送邮件、查询新闻、玩游戏、聊天等。

5）2010 年，苹果 Siri

Siri 是一款内置在苹果生态链中的智能个人助理软件。苹果公司 2010 年在 iPhone 4S 上首次内置该软件，Siri 可以与使用者通过自然的对话互动，完成查询天气、设定闹钟、发送短信等诸多服务，如图 1-2 所示。

图 1-2　唤起 Siri 页面

6）2011 年，IBM 的 Watson

2011 年，IBM 发布了一款名为 Watson 的聊天机器人，Watson 作为一个有数据分析能力的应答系统，运用了自然语言处理、消息检索、知识表示、自动推理、机器学习等多种技术。IBM 使用了 90 台 IBMpower750 服务器、4TB 磁盘内存、包含 2 亿页结构化和非结构化的信息来运行 Watson。

与其他人机对话系统不同的是，Watson 不仅是一个问答机器人，还能够处理更为复杂的问题，并能够根据大量的数据进行分析和推理，从而为人类提供更加智能的决策支持。2011 年 2 月，IBM 的 Watson 成功参加了美国电视节目《危险边缘》的竞赛，并与两位前冠军选手展开了一场激烈的角逐。在这场竞赛中，Watson 通过分析数百万个文档和信息，最终以绝对优势的成绩获得了胜利，如图 1-3 所示为 Watson 参加《危险边缘》竞赛的现场。

图 1-3　Watson 参加《危险边缘》竞赛

随着 Watson 的成功，人机对话技术在各个领域得到了广泛的应用。例如，在医疗领域，Watson 被用来帮助医生对癌症患者进行诊断和治疗方案的选择；在金融领域，Watson 能够通过分析市场数据和客户需求，提供智能投资建议；在零售业中，Watson 能够通过分析消费者行为和偏好，为商家提供更加智能的营销方案。

7）2012 年，Google 的 Google Now

2012 年 6 月，在 Google 公司举行的网络开发者年会上，Google Now 首次亮相。最初，Google Now 的功能是预测用户需要的信息并提供推荐。Google Now 可以根据用户的日程、位置、搜索历史等信息，提供相关的信息和建议。

例如，当用户在机场附近时，Google Now 会主动提醒用户机场的航班信息和航班延误情况。此外，Google Now 还可以提供天气预报、交通信息、股票行情等实用信息。

8）2014 年，微软的 Cortana

2014 年 5 月，微软推出了一款名为 Cortana（小娜）的个人助手。Cortana 的功能类似于 Siri 和 Google Assistant，可以添加提醒事项，进行文字搜索并执行系统内的各种程序、应用和文件等任务。随着 Cortana 的不断发展，微软还发布了一款对话式聊天机器人——小冰。小冰是一款拥有情商和智商的聊天机器人，它可以与用户建立情感关系，用户可以与小冰开玩笑、聊情感话题，小冰会根据用户的情绪给予用户一定的情感关怀。小冰不断迭代升级，目前已经可以编写音乐、创作诗歌以及绘画，显示出了艺术创作的潜力。如图 1-4 所示为微软官方的小冰形象以及与用户对话的示例。

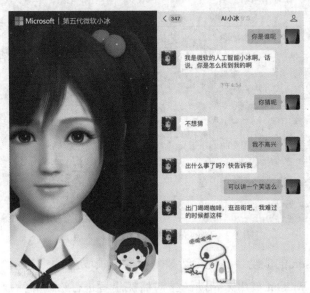

图 1-4　微软官方的小冰形象对话过程

9）2014 年，亚马逊的 Alexa

2014 年，亚马逊也发布了一款名为 Alexa 的智能助理。不同于其他助理，Alexa 被嵌入智能音响中。Alexa 最显著的特点是尝试将其应用于物联网中，因此可以控制多个智能设备。用户可以通过语音控制 Alexa 执行多种任务，如播放音乐、播报新闻、提醒用户、购买商品等。此外，Alexa 还可以通过技能扩展其功能，这些技能可以由第三方开发者创建。Alexa 的语音识别和语音合成技术非常优秀，其对话过程自然流畅，能够准确理解和执行用户的指令。

10）2016 年，Google 的 Google Assistant

2016 年，Google Assistant 发 布， 其 是 Google Now 的升级版，也是一款具有自然语言交互能力的人机对话系统。Google Assistant 可以通过语音命令进行搜索、安排行程和闹铃、调整用户设备的硬件设置，同时还可以让用户通过语言交互完成购买商品、物体识别、在线汇款、识别歌曲等功能。Google Assistant 通过与用户的交互来学习用户的偏好和习惯，从而能够更好地为用户提供个性化的服务。如图 1-5 所示为用户与 Google Assistant 对话的示例。用户可以通过语音指令问 Google Assistant 一些问题，例如询问明天的天气情况，或者要求 Google Assistant 帮忙预定餐厅，Google Assistant 会理解用户的语言，并提供相应的答案和服务。

图 1-5 与 Google Assistant 对话的示例

随着 Google Assistant 的推出，人机对话技术在各个领域的应用也得到了进一步的拓展。例如，在智能家居领域，Google Assistant 可以控制智能家居设备的开关、温度、颜色等，让用户更加便捷地控制家居设备；在汽车领域，Google Assistant 可以通过语音控制调整车窗、空调和音乐播放等，提供更加智能化的驾驶体验。

11）2017 年，小米的"小爱同学"

小米公司在 2017 年发布了一个名为"小爱同学"的智能助手。截至 2023 年 1 月，小爱同学已经可以控制 79 个品类和 5300 多个智能设备。用户可以通过语音指令控制家中各种智能设备，如电视、空调、智能灯泡等。小爱同学的语音交互也非常自然，用户可以轻松地与其进行对话。此外，小米公司还推出了小爱音箱等多款智能音箱产品，让用户可以随时随地控制家中的各类智能设备。如图 1-6 所示为通过"小爱同学"控制电视。

智能助理的出现，使得人机交互变得更加方便和智能化。通过对用户的指令进行语音识别和自然语言处理，智能助理可以帮助用户完成各种各样的任务，如提醒用户、播放音乐、查询信息等。同时，随着物联网的发展，智能助理也逐渐被应用于控制各种智能设备，为用户提供更加智能化的生活体验。

图 1-6 "小爱同学"让电视播放动画片电视

1.3 人机对话系统的类型

人机对话系统可以从多个维度进行类型划分。

1. 根据知识领域进行分类

第一种分类维度是**根据知识领域**进行分类。按照这个维度，人机对话系统可以分为跨领域人机对话系统和专用领域人机对话系统。

跨领域人机对话系统如微软小冰，是一种基于人工智能技术的开放域机器人，其回答范围不限于一个固定的知识领域。这意味着它可以回答各种不同主题的问题，例如天气、新闻、体育、娱乐、历史等。在这个领域中，开放域机器人的研究和发展是目前人机对话系统研究的热点之一。此外，跨领域人机对话系统还可以通过深度学习等技术，不断增加自身的知识和技能，提高自身的回答能力和质量。

专用领域人机对话系统，专注于特定领域，如医疗、金融、法律等。这些机器人通常使用特定领域的知识库，并通过专门的算法实现对特定领域的语义理解和问题回答。这种机器人通常在其专业领域中表现出色，但是在其他领域的回答能力相对较弱。

2. 基于对话响应方式进行分类

第二种分类维度是**基于对话系统的响应生成方式**，包括基于规则、基于检索和生成式方式。基于规则的对话系统使用预定义的规则和逻辑来生成回复，其回复范围相对较窄，但可以控制回复的准确性。基于检索的对话系统则是通过检索预定义的语料库来生成回复，回复的范围更广，但是也更容易出现错误。而生成式对话系统则是通过机器学习等技术，基于输入的上下文和语义生成回复，其回复的范围更广，但也更容易出现不确定性。

下面简单介绍基于规则的对话系统，基于检索的生成式的对话系统会在本书第 7 章与第 8 章进行讲解。基于规则的对话系统是一种常见的响应方式，该方法通过将用户输入或上下文信息与预先设置的规则进行匹配来生成响应。这里的规则一般由专业人员编写，可以采用不同的形式进行定义，其中一种形式是人工智能标记语言（AIML）。

AIML 是一种用于创建基于规则对话系统的语言，它可以定义问题和答案之间的关系。具体而言，AIML 定义了当用户的问题满足什么形式时，应该生成什么样的答案进行返回。例如，AIML 可以定义一个模板，该模板可以在用户问到问题是"你好"的情况下，回复答案"你好，你叫什么名字？"，具体配置如下。

```
<category>
<pattern> 你好 </pattern>
<template> 你好，你叫什么名字 </template>
</category>
```

除了这种固定模板，AIML 还可以通过引用变量的方式来使得整个对话过程不那么千篇一律，如下所示。

```
<category>
     <pattern> 你好，我的名字是 * </pattern>
     <template> 你好啊 <set name="user_name"><star/></set>，很高兴认识你
        < /template>
</category>
```

上面的 AIML 对话模板完成了一个简单的打招呼过程，可以看到，模板中通过引用变量 user_name 来使得整个对话过程可以带有一定的灵活性。根据模板配置，如果用户告诉机器人："你好，我的名字是李雷"，机器人会回复"你好啊李雷，很高兴认识你"。

AIML 的缺点也是较明显的，用户的表达可以是各种形式的，同样是打招

呼可以通过各种形式去表达，如果对话系统基于模板来回复用户问题，需要配置大量的对话模板，维护成本较高。

3. 根据功能进行分类

第三种分类维度是**根据功能的不同**，可以将对话系统分为问答型、任务型、闲聊型、推荐型。

1）问答型

问答型对话系统是人机对话系统的一种形式，主要用于解决某个特定领域的用户问题。它通常以一问一答的单轮形式出现，用户提出问题后，问答型对话系统会通过一定的检索策略来获取对应答案。这种对话系统需要预先将特定领域的知识储存起来，以便能够快速准确地回答用户的问题。

如一些金融产品说明对话系统，用户可以问关于这些产品的一些概念性问题，如"什么是 QDII 基金？"，问答型对话系统会一次性给用户返回所有答案，不会和用户产生进一步的交互。

问答型对话系统的检索策略通常基于知识图谱或知识库检索。其中知识图谱是一种用于描述事物之间关系的结构化知识表示方法，对话系统可以通过知识图谱快速找到问题的答案。知识库则是一种用于存储特定领域知识的数据库，对话系统可以通过检索知识库来获取问题的答案。

在实际应用中，问答型对话系统需要考虑用户提出问题的多样性和复杂性。为了提高准确性和用户体验，需要对问答型对话系统进行多方面优化，如语义理解、自然语言处理、对话管理等。此外，还需要通过机器学习等技术不断优化和更新问答型对话系统的知识库和检索策略，以适应特定领域和用户需求的变化。

2）任务型

任务型对话系统是用于处理特定任务的系统，常用于预订机票、购物售后等。与其他形式的对话类型不同，任务型对话系统通常需要通过多轮对话来完成，更加关注用户对话的上下文信息，并依赖任务的决策规则来推动多轮对话的进展。如图 1-7 所示是一个任务型多轮对话的例子。

在上述例子中，用户与对话系统展开了一次多轮对话，目标是帮助用户寻找一个餐厅并且预订位置。对话开始时，用户向对话系统提出了寻找餐厅的请求，并提供了一些相关的信息，例如用餐地点。

对话系统根据用户提供的信息开始处理任务，返回符合用户需求的餐厅推荐列表。接着，对话系统与用户继续进行对话，以确认用户选择就餐的餐厅。

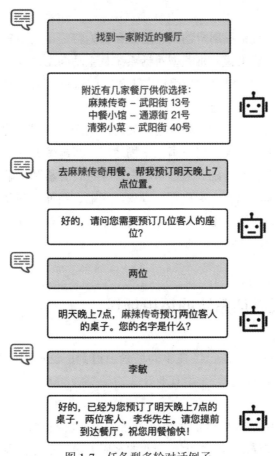

图 1-7　任务型多轮对话例子

在对话的过程中，对话系统会根据用户的回答和反馈进行决策，以推进对话的进展。如在用户提出定位需求的时候确认用户所定餐厅的位置以及就餐时间与人数，以帮助用户预订座位。

3）闲聊型

用户与闲聊型对话系统交流常常没有明确的目的，其回复内容具有多样化和个性化的特点，同时也需要获取用户对话的上下文信息，以生成适当的答案，如上文介绍的微软小冰机器人。

闲聊型对话系统的主要应用场景之一是情感陪伴，通过与用户进行自然对话，可以提供一种陪伴和安慰的体验，帮助用户缓解压力和焦虑，减轻孤独感和抑郁感。除此之外，闲聊型对话系统还常常用于娱乐场景。用户可以与系统进行有趣的交流，例如玩游戏、听笑话、分享趣闻等，从而获得轻松愉快的体验。

4）推荐型

推荐型对话系统根据用户的兴趣爱好和行为特征，为用户推荐他自己可能感兴趣的内容。一般来说，推荐型对话系统是主动向用户发起交互的，也就是说用户不需要主动发起对话。如用户在进入一些短视频 App 时，会看到系统给自己推荐曾经浏览过商品的广告。

系统通常会收集用户的各种信息，如用户的浏览历史、搜索记录、购买记录等，从中生成用户画像。用户画像是描述用户兴趣爱好和行为特征的综合性概括，是个性化推荐的基础。通过对用户画像进行分析和理解，系统可以自动为用户推荐感兴趣的内容，如电影、音乐、图书、新闻、商品等。个性化推荐能够提高用户体验，提高用户忠诚度和购买率，也能够帮助内容提供者和电商企业提高转化率和销售额。

1.4 人机对话系统的运用场景

目前，人机对话系统已经在不同场景中得到广泛应用，主要包括零售行业、个人助理、教育服务、金融行业等。

1. 零售行业

在零售行业中，人机对话系统可以帮助企业解决客户服务效率和成本的问题。随着客户规模的不断扩大，企业的客服人员可能无法及时响应客户的请求，从而影响客户满意度和忠诚度。而人机对话系统可以通过自然语言理解和自然语言生成技术，智能解决客户问题，提高响应速度和准确性，降低客服成本。

特别是对于一些大型公司可能拥有上亿用户，单靠增加客服人力来解决所有的客户问题需要大量的成本。通过人机交互系统来解决用户问题是一种降低成本、提升客户体验的重要方式。人机交互系统提供全天 24 小时的客户服务，无论在何时何地用户都可以发布他们的请求，获得及时的响应和帮助。如现在市面上的阿里小蜜、京东 JIMI 客服机器人，如图 1-8 所示。

零售从售前获客引流到售中用户下单及订单业务咨询再到售后订单咨询服务，都存在着诸多标准化、流程化的工作，通过人机对话系统来解决用户问题，能更好地支撑企业完成业务推进。

产品以及活动推广阶段可以使用智能外呼等方式，提供给用户诸如活动专属优惠信息，根据用户喜好推荐对应商品等，来让企业产品获得更高的关注度，同时促使活动达到更好的效果。

售前阶段通过智能对话系统完成用户接待、产品咨询、自助下单、自助查询发货状态等业务办理；同时通过智能客服助手帮助用户解决问题，实现高效回复用户、大幅减轻坐席工作压力；会话分析可对用户与机器人 / 人工服务过程数据，进行语义分析，了解用户关注点，进而反哺智能服务，形成全链路业务闭环。

售后产品机器人智能识别用户联系方式、下单产品、下单数量等多种类型信息，自助完成产品咨询、订单使用问题咨询、订单开票、订单退换货等业务办理。

2. 个人助理

个人助理类对话系统是一种基于语音或文本的人机交互方式，近年来迅速发展。Siri、Google assistant、Alexa、小爱同学、小冰等都

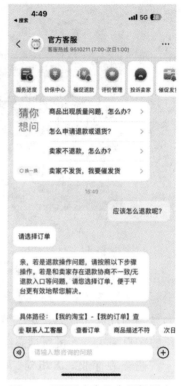

图 1-8　"阿里小蜜"客服机器人

是个人助理类对话系统的代表。最初，个人助理主要在智能手机上应用，但现在已经跨足智能家居、智能汽车等不同行业。在智能家居方面，个人助理类对话系统可以与家电互联，通过语音控制实现智能家居的功能。在智能汽车方面，个人助理类对话系统可以提供语音导航、语音播放音乐等服务，为驾驶员带来更加便捷的体验。

3. 教育服务

随着学习需求的不断增长，有限的教育资源无法满足所有学生的需求。机器人可以为学生提供个性化的教育内容和帮助，解决学生在学习过程中遇到的问题。最早出现的少儿点读机就是一种简单的教育领域的人机交互系统，而现在的对话系统 Mondly，则可以帮助人们学习不同语言，如图 1-9 所示。此外，机器人还可以为学生提供课程信息、学术建议等服务，帮助学生更好地学习和成长。

图 1-9　用户通过 Mondly 学习英语

4. 金融行业

金融行业是人机对话系统广泛应用的领域之一，而且其应用的发展速度也引起了广泛的关注。相较于其他领域，人机对话系统在金融行业的应用具有更为显著的优势和价值。这主要归因于金融行业本身具有复杂的业务场景和多元化的客户需求，人机对话系统可以帮助金融机构更好地满足这些需求。

在金融行业，人机对话系统可以应用于多个方面，包括客户服务、金融咨询等。首先，人机对话系统可以作为智能客服的重要组成部分，为客户提供7×24 小时全天候的自助服务。用户可以通过与人机对话系统进行交互，获得关于账户余额、交易历史、支付指示等常见问题的答案，从而实现即时响应和高效解决问题。

其次，人机对话系统在金融咨询方面也发挥着重要作用，它可以通过理解用户的投资偏好、风险承受能力等信息，为客户提供个性化的投资建议和理财规划。人机对话系统可以基于客户的需求和目标，提供针对性的投资组合建议，并监测市场动态，及时提供更新的投资信息。

1.5　本章小结

通过本章学习，读者了解了什么是人机对话以及人机对话的起源和演变过程。并通过图灵测试，介绍了人机对话的发展历程、类型划分方式、人机对话系统的代表性使用场景，让读者接触到人机对话系统在现实生活中的运用。

## 第2章

人机对话系统的架构

　　本章首先会带领读者了解人机对话系统的总体架构，让读者先从宏观层面对人机对话的四层架构有个大体的认识；然后会针对四层架构中最为核心的服务层进行详细的拆解和阐述。通过本章的学习，读者可以初步了解如何构建一套人机对话系统——一个具备理解、回答、任务解决能力的复合型人机对话能力的系统。读者还能宏观了解人机对话系统的构成以及服务层的五大模块，为后续章节的学习打下基础。

2.1　总体架构

图 2-1 所示为综合人机对话系统的总体技术架构，从上至下大致分为四层：展现层、网关层、服务层、基础设施层。

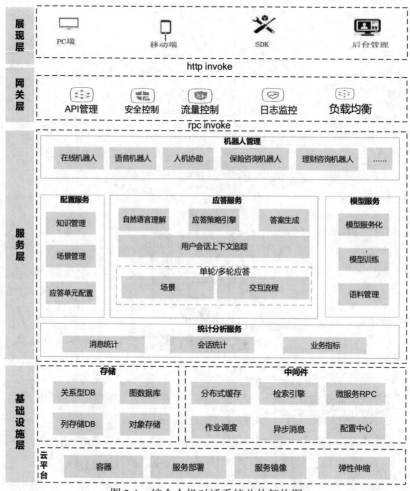

图 2-1　综合人机对话系统总体架构图

展现层，可理解为用户终端，是直接触达用户的地方。用户可以通过PC 或者手机终端来和机器人交流。当然，也可以将程序打包成 SDK 或者API 供第三方接入使用。而"后台管理"模块通常是给运营机器人的员工使用的，运营人员可能是机器人训练师、业务分析员、机器人管理者、业务人员。

网关层，主要负责接受请求，并提供中介策略（如权限认证、流量管理、协议转换、请求路由）、安全策略、API 接入管理、负载均衡等功能。例如，不同的入口（渠道、页面、链接等）需要路由到提供不同服务的机器人，而不同的机器人接收数据的格式协议是不尽相同的，所以需要做统一的协议适配。例如，客户进来咨询信用卡的问题，那么会由信用卡业务的机器人来提供服务。客户进来咨询意外险，那么会由提供意外险服务的机器人来提供服务，再细分一点，意外险可能由不同的供应商提供多种产品，比如 A 保险公司提供了"一生平安意外险"，B 保险公司提供了"美好人生意外险"，则可能会存在一个 A 保险公司的"一生平安意外险服务机器人"和 B 保险公司的"美好人生意外险服务机器人"。

服务层，提供应答服务、配置管理、统计分析与监控、模型服务这几个构成人机对话系统的最重要的模块。掌握了这几个模块，基本上就意味着具备了搭建一个机器人的基础能力。

基础设施层，提供运维层面的基础设施和支撑服务层的基础能力，这一层里面包含云服务、中间件、存储、网络等最基本的要素。市场上也有很多现成的云服务提供商，比如京东云、阿里云、腾讯云等，都提供非常成熟的基础设施服务，这样开发人员就可以把精力集中在业务开发上。

服务层是整个人机对话的核心，后面的章节会围绕服务层进行重点讲解。

2.2　服务层概述

服务层是整个人机对话系统的核心，服务层由多个重要模块构成，分别是机器人管理模块、应答服务模块、模型服务模块、配置服务模块、统计分析与监控模块。有了这几个模块，打造一套人机交互系统的关键路径就比较清晰了，能够使零散的模块共同成为一个有机整体。下面将逐一介绍这几个模块。

2.2.1　机器人管理模块

1. 多元化的机器人服务

通常，人机对话系统对外以具体机器人的形式为客户提供服务。例如，银行的在线服务可能会提供一个对外的"金融服务机器人"，甚至还可能在更细分的领域提供机器人服务，如"贷款咨询服务机器人""养老金咨询服务机器人"；医院的在线服务可能会对外提供"医院业务咨询机器人""导诊机器人"等。

若你所在的公司是一家为各行各业提供人机对话能力的公司，各式各样的机器人可能都集成在一个 SaaS 平台。这里的 SaaS 平台是指软件运营服务（Software as a Service，SaaS），这里不对 Saas 本身做过多的展开，有兴趣的读者可以自行在互联网上搜索了解，总之，你可以认为 SaaS 平台是一个公共的服务平台，平台上提供了很多机器人供用户选择并付费使用。

若你在一家规模非常大的集团企业工作，集团内部涉及很多不同的业务板块，如健康板块、物流板块、供应链板块、地产板块等，每个板块可能都需要一个或多个不同的机器人服务。

所以，不论是 SaaS 服务还是大型集团企业私有化部署到该企业内部的服务，可能都需要一个平台来承载不同类型的多种机器人，进行机器人的统一管理。这里的管理包括但不限于机器人基础信息维护，以及终端信息、入口、交互方式、功能单元配置信息、启动和停用状态管理等，而机器人管理模块（见图 2-1）就是承担这些管理职责的模块。

2. 机器人在系统中的组织形式

机器人对外提供人机对话服务，而服务通常是面向"实体"提供的。这里的实体对 SaaS 平台来说，是指购买机器人服务的"商户"；对私有化平台来说，可能是一个部门或一个板块。下面以 Saas 模式下的机器人平台为例，来看一下多个机器人服务是如何被组织和管理的。

对于一般的小型商户（例如淘宝上一个出售狗粮的商户）来说，可能只需要一个机器人就能完成其所需要的业务交流的服务。对于大中型商户来说，一个机器人可能很难满足其多元化或者更细分的诉求，例如对于梅赛德斯这样的大型集团来说，业务可以分为电动车类和燃油车类，而燃油车下面又可以分为 E 系列、C 系列、G 系列、M 系列，对应不同的消费群体。对于不同的消费群体，需要使用不一样的客服聊天机器人来提供服务。所以这里在商户的下面引入了租户的概念，一个商户下可以存在多个租户，而一个租户又可以用多个机器人，不同的机器人各有擅长，有不同的职责。图 2-2 是商户、租户及其下机器人的挂接关系图。

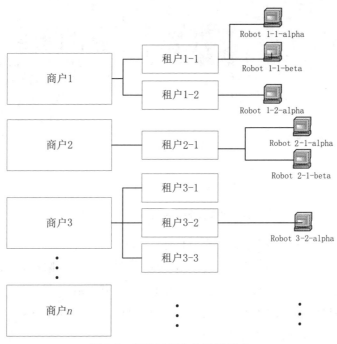

图 2-2 各种机器人的组织模式

2.2.2 应答服务模块

1. 应答服务的两种实现模式

在讲解应答服务的实现模式之前,需要先知道应答服务模块的功能是什么。应答服务模块负责接收用户的自然语言输入,进而对用户输入进行理解,并基于某种策略,对用户的输入进行明确的回答或处理。应答服务模块是整个服务层的核心模块,可以认为是整个人机对话系统的大脑。

作为大脑的应答服务模块是怎么实现的呢?目前主流的应答服务有两种实现方式:一种是基于流处理(pipeline)的实现,另外一种是端到端(End-to-End)的实现。

1)基于流处理实现

图 2-3 是基于流处理实现的应答模块的经典结构图,又称规则对话系统。从图 2-3 中可以看出该实现模块划分为三大部分,分别是 NLU、DM 和 NLG,它们依次串联构成一条处理流程,各部分可独立设计,通过各部分间的协作完成整个对话。

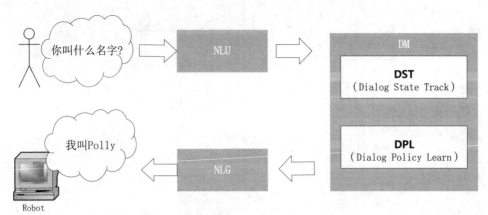

图 2-3　基于流处理实现应答的标准流程

（1）NLU 代表自然语言理解（详见第 3 章），当用户进行咨询时，其咨询的内容会作为"用户输入"依次通过展现层、网关层来到服务层，而在服务层中的到达的第一站就是 NLU 子模块。在 NLU 子模块中会将"用户输入"进行预处理，并理解和提取出用户咨询的真实目的和意图。简单来说，就是将人类的语言转化为机器可以理解的内容。

（2）在 NLU 环节结束之后，便会进入 DM 环节，DM 是指用户对话管理，DM 的主要职责是根据 NLU 的结果来更新系统的状态，并生成相应的系统动作。DM 又可以进一步细分为 DST（Dialog State Track，会话状态追踪，详见第 4 章）和 DPL（Dialog Policy Learn，会话策略学习，详见第 5~7 章）。DST 中储存了用户信息、用户每一轮对话状态，包括当前轮的对话状态；而 DPL 是基于当前对话状态执行的下一步系统回应的策略。

（3）当 DM 环节完成后，需要把最终的回答反馈给终端用户，NLG 便承担了这个职责，NLG 是指自然语言的生成，即答案生成（详见第 8 章）。NLG 的目的是降低人类和机器之间的沟通鸿沟，将非语言格式的数据转换成人类可以理解的语言格式。

2）基于端到端的处理实现

端到端的应答服务模块是利用深度学习技术，通过大量数据训练，挖掘出从用户自然语言输入到系统自然语言输出的整体映射关系，忽略中间过程。图 2-4 是一张关于端到端的处理实现的图示，来源于一篇名为 *End-to-End Task-Completion Neural Dialogue Systems* 的论文，感兴趣的读者可以自行阅读全文。

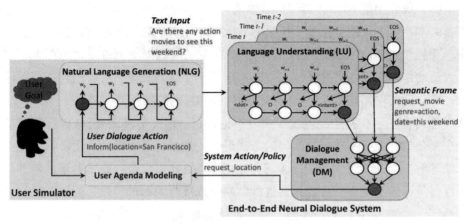

图 2-4　端到端应答模块对话实现的示意图

这是一个端到端的任务型人机对话系统，任务是帮助用户预订电影票。在对话过程中，对话系统收集用户的意图信息，并最终预订电影票。然后基于电影是否被预订以及观影条件是否满足用户的约束，在对话结束后给出二元结果（成功或失败）。

（1）用户询问：Are there any action movies to see this weekend？（译为中文为"请问本周末有什么动作电影可以看吗？"）进入 NLU 环节，即图 2-4 中 Language Understanding（LU）部分。LU 的主要任务是将用户的意图进行分类，并在一组时序中填充以形成语义。LU 组件由单个 LSTM 实现，该单个 LSTM 同时执行意图预测和槽填充。LSTM 是指长短期记忆神经网络，是 RNN 循环神经网络的一种。这里给出这个例子只是为了向读者展示端到端的示意图，不对 LSTM 和 RNN 做深度展开讲解，对 LSTM 感兴趣的读者可以参考有关机器学习的书籍进行系统学习。这里读者可以简单地把图 2-4 中的 LU 环节理解为通过神经网络来预测用户意图和咨询目的。通过该环节，得到并填充好用户的语义：意图为购买电影票，题材为动作片，时间为本周末，即图中的 movie（电影）、action（动作题材的）、this weekend（本周末）。

（2）LU 执行结束后，其输出以对话的形式或语义传递到 DM 后，到数据库中检索出可用结果。DM 中根据数据库查询的可用结果和最新的用户对话信息在 DST 中进行更新，便准备好了 DPL 的状态表示，其中包括最近的用户动作、最新动作、数据库结果、转向信息以及历史对话轮次等。在从 DST 输入的状态中，从 DPL 获取下一个可用的系统动作，这里是接着反问用户想在哪个地方看这个电影，用户告知希望在旧金山观影。

（3）最后便是 NLG（自然语言生成），即根据用户的对话动作，生成自然语言文本，这里采用包括基于模板的 NLG 和基于模型的 NLG 的混合方法，其中基于模型的 NLG 使用序列到序列模型在标记的数据集上进行训练而来。它以对话动作作为输入，并通过 LSTM 解码器产生具有插槽占位符的句子草图模板，执行后处理扫描，以将槽位占位符替换为它们的实际值。

总而言之，在整个处理过程中，不论是在 NLU、DM 还是 NLG 环节，都是由复杂的神经网络或强化学习的方式进行处理的，其内部处理逻辑都是人类无法理解的，是通过大量训练学习得来的。图 2-4 仅仅是一个示意图，帮助读者理解里面纷繁复杂的内容是通过神经网络深度学习后的产物，而这个过程像黑盒子一样帮助用户解决问题。神经网络算法就是一个被广泛应用的端到端（End-to-End）学习的算法。目前市面上非常火爆的 ChatGPT 实际上就是一个典型的基于端到端处理实现的人机对话系统。

就目前工业界整体应用而言，虽然端到端的方法灵活性和可拓展性较高，但其对数据的质量和数量要求也很高，同时还存在不可控性和不可解释性等问题，因此目前业界在某个具体领域的对话应答系统大多采用的还是基于规则的流处理实现方式，或将流处理和端到端处理两者相结合的方式。

2. 应答服务的类型

应答服务按功能来划分，主要可以分为四种常见基本类型：问答型、任务型、推荐型、闲聊型，如表 2-1 所示。这四类常见的应答服务类型，均可以按照图 2-3 讲述的标准流程去实现。

表 2-1　常见的应答服务类型

类型	描述
问答型	问答型应答主要依托知识库（如 FAQ、知识图谱、规则等），可对用户提出的问题给出指定回复。对回复内容的准确性要求高，但仅限于一问一答的单轮对话交互，对上下文信息不作处理
任务型	任务型应答是指机器人通过多轮对话交互满足用户某一特定任务需求。对任务完成度要求高，其中机器人主要通过对话状态追踪、问题槽、澄清等理解用户意图，然后进行回复或调用 API 等形式完成用户任务需求，如订票、订餐等任务
闲聊型	闲聊型应答与用户互动比较开放，用户没有明确目的，机器人回复也没有标准答案。对回复内容的准确度不作要求，主要以趣味性和个性化的回复满足用户情感需求
推荐型	推荐型应答一般由应答服务主动发起，根据用户画像或行为轨迹对用户主动发起对话。比如猜你想问或主动营销等场景

3. 应答服务的标准流程

本书讲解的人机对话系统中的应答服务是基于金融这个垂直领域的，同时也提供了为用户解答问题、解决和处理问题、推荐及闲聊方面的业务，是一个涵盖了上面提到的问答型机、任务型、聊天型、推荐型机器人于一体的**复合型对话机器人**形态，可以同时满足用户的多种诉求（例如，有的用户可能只是咨询一下"现在五年定期利率是多少"这样的偏问答型问题，而有的客户咨询"Ⅱ类卡升级Ⅰ类卡"这类偏任务型的问题，有的客户想买理财产品，需要主动给用户推送理财产品的推荐型问题等，这些都是属于不同类型的诉求）。

下面以复合型对话机器人为例展开讲解。现实中的人机对话场景是复杂且多变的，鉴于端到端的处理实现存在很多不可控、很难进行人工干预的因素，故采用基于流处理的方式来设计复合型对话机器人，从业务架构上来讲，从用户输入到应答输出，宏观来看分为三个部分：**自然语言理解、用户对话管理、自然语言生成**，对话管理中包含对话状态追踪和对话策略，整体如图 2-5 所示。

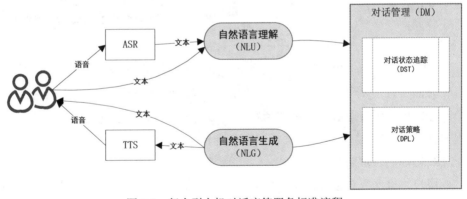

图 2-5　复合型人机对话应答服务标准流程

（1）自动语音识别技术：（Automatic Speech Recognition，ASR）是一种将人的语音转换为文本的技术。当把机器人用于语音对话场景的时候，需要先通过 ASR 将用户的语音转换为文本，再进行自然语言理解。

（2）自然语言理解（NLU）：主要对人机交互过程中产生的对话进行语义理解。

（3）会话状态跟踪器（DST）：管理每一轮对话状态，包括历史状态记录及当前状态输出。

（4）会话策略（DPL）：基于当前对话状态执行的下一步系统回应策略。

（5）自然语言生成（NLG）：将对话策略输出的语义转化成自然语言。

（6）从文本到语音（Text To Speech，TTS）：当机器人被用于语音对话场景的时候，需要通过TTS将用户的文本转为语音，返回给用户。

图2-6是流程处理模式下进行复合型人机对话应答服务的流程全景图，读者不用太在乎全景图中每一个细节是否能理解，这里只是宏观了解一下整体的业务，后面的章节会对每个细节进行详细阐述。

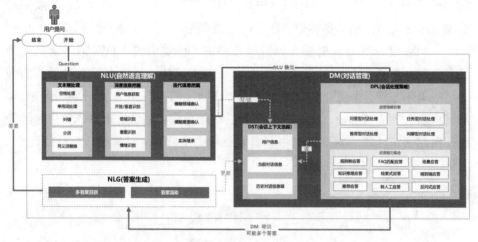

图2-6　复合型人机对话应答服务的全景图

前面讲过，从业务架构上讲，从用户输入到应答输出，宏观来看分为三个部分：**自然语言理解、用户对话管理、自然语言生成**（也就是答案生成的过程），后面的章节会就这三块进行详细分析和阐述。

4. 自然语言理解初识

用户跟机器人对话的前提是机器人能理解用户在说什么，这样才能准确地回答用户的问题。所以对于机器人来说，首要任务是理解用户的话。而自然语言理解就是为完成这个工作而产生的。

自然语言本质是一种人类大脑能够理解的信号，它通过声音、视觉、触觉在人类大脑的某些区域转换成人类能够理解的认知和意义。与人类大脑的处理方式有所不同，计算机只能处理0、1这类数字信号，让计算机能够理解人类的语言并非易事。在自然语言理解过程中，核心的三个要素包括领域、意图、属性，这三要素又来源于用户与机器人在自然语言交流过程中产生的会话、对话与对话片段。所以接下来除了介绍领域、意图、属性外，还会讲解会话、对话、对话片段的概念。

1）领域、意图、属性

NLU 环节里面有提到领域识别、意图识别，这里我们先讲解什么是领域，什么又是意图。

领域（Domin）是指同一类型的数据或资源，以及围绕数据或资源提供的服务。例如，将人机对话系统运用于互联网金融行业时，通常用该行业的业务来做领域的划分，如白条、小金库属于两个不同的领域；又比如在银行的个人业务中运用人机对话系统时，存款、贷款、外汇、支付又可以定义为不同的领域。

意图（Intention）代表用户对"领域"数据的操作，通常是一个动词，表示具体的动作或行为，例如查询、注销、开通、关闭。比如"我要注销我的信用卡"，其中领域是"信用卡"，意图是"注销"。既然讲到了领域，读者会不可避免地接触到"属性"这个概念。那么属性又是什么呢？

属性（attribution）指某领域所具有的性质或特征，比如信用卡领域的属性有额度、证件号码、手机号等。

图 2-7 举例说明了从用户咨询的问题中识别出来的领域、意图和属性。

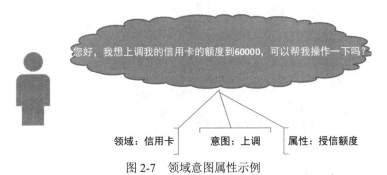

您好，我想上调我的信用卡的额度到60000，可以帮我操作一下吗？

领域：信用卡　　意图：上调　　属性：授信额度

图 2-7　领域意图属性示例

一般来说，意图可以借助规则或 AI 技术来进行提取，比如使用分类算法，分类后的结果为所属类型和对应得分。当识别出的意图得分不高，未达到阈值，或者达到阈值的类型存在很相近的得分时，称为模糊意图。当出现模糊意图时，我们就需要通过一系列的过程来确认一个明确的意图，这个过程叫模糊意图澄清。模糊领域澄清和模糊意图澄清同理。

2）会话、对话与会话片段

全景图 2-6 的中间部分，有一个 DST 会话状态追踪。DST 是用于追踪会话状态的结构，保存了用户当前会话从开始到当前时刻的所有对话内容，里面也包含了领域、意图、属性以及用户信息等数据。这里不详细讲解 DST，只围绕"会话"这个概念展开讲解。

会话是什么？在一段连续的时间周期内，用户与机器人从咨询开始到咨询结束的一段完整交互称为"会话"；而"对话"是用户和机器人的一次问答（即一问一答）。通常情况下，一个会话包含若干个对话。讲到"会话"就绕不开"会话片段"的概念，会话片段是指出现在整个会话上下文中基于同一个领域的连续段落。比如，用户开始第一句问句"白条如何开通"，在用户之后问的问题中没有出现新的领域。那么在同一个会话上下文中，从用户的第一个问句"白条是什么"到之后出现新领域的问句之前，均属于同一个会话片段，如图 2-8 所示。

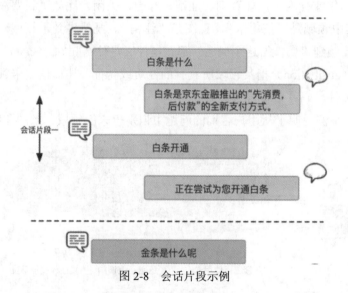

图 2-8　会话片段示例

既然有会话片段，自然就存在会话片段切换。在同一个会话上下文中，如果当前问题的领域与前一个会话片段领域不一致，会默认开启一个新的会话片段，当前问题会被包含到一个新开启的会话片段中。如用户先问"白条是什么"，之后问了一句"金条是什么呢"，则会进行会话片段切换，且"金条是什么呢"会是新的会话片段的第一个问题，如图 2-9 所示。

讲到会话，这里引申出"继承"这个概念。继承是指从同一个会话的上文通过继承获取用户当前问题缺失的领域、意图或属性。继承这个动作通常是基于距离当前咨询语句最近的会话片段的内容进行补全。例如，用户在会话片段开始问"白条还款"，接着问"开通"，那么第二句"开通"可以继承上文的领域"白条"进行补全。若用户在会话片段开始问"白条开通"，接着问"额度"，那么第二句"额度"可以继承上文的领域"白条"，则相当于用户咨询"白条额度"。

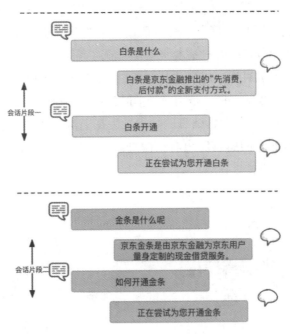

图 2-9　会话片段的切换

　　如图 2-10 所示，用户开始咨询"白条是什么"，机器人做出了回答，用户又说"开通"，此时用户并没有给出领域，但因为在最近的会话片段内有领域，故默认继承该会话片段的领域"白条"。故机器人直接回答或者处理了开通白条的任务。

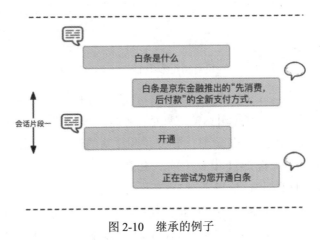

图 2-10　继承的例子

5. 用户对话管理初识

用户对话管理（DM）分为会话状态追踪（DST）和会话策略学习（DPL）。

DST 用于追踪用户在整个人机对话过程中的会话状态和信息，DST 的内容主要包含三部分内容：用户基本信息、当前对话信息、历史对话信息。用户基本信息是指在人机对话中用户的基本资料，比如用户的 ID、姓名、手机号、年龄等信息；当前对话信息，是指在当前时刻用户和机器人最新的一个对话信息（即一问一答）；历史对话信息，是指发生在当前会话中，正在进行的对话之前的用户和机器人的所有历史对话信息。图 2-11 展示了在人机对话过程中不同时刻的 DST 快照。

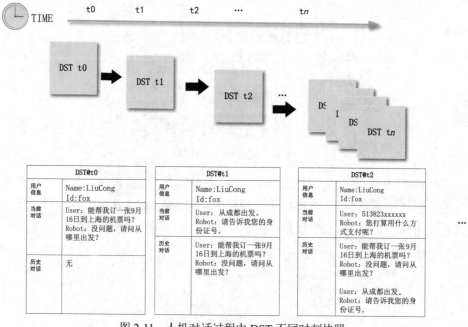

图 2-11　人机对话过程中 DST 不同时刻快照

从图 2-11 中可以看出，DST 在 t0、t1、t2 甚至到 tn 时刻，对话在不断进行的过程中，DST 都会根据对话的进展情况不断更新内容。这里仅是为了做个示例让大家更好地理解 DST 随时间轴变化和更新的过程，实际上 DST 中需要更新的内容远远不只图 2-11 中表示的这么简单，在第 4 章，笔者会带读者深度剖析 DST 的内部结构，这里不对 DST 做过多的阐述。

DPL 指对话策略学习，用来决策在当前状态下应该采取何种回复策略。当用户输入语句后，由 NLU、DST 模块处理后形成的结果向量或信息，将由

DPL 决定下一步的动作以及如何去做回复。

对于复合型对话系统来讲，可以粗略认为有问答型、任务型、推荐型和闲聊型四种 DPL 引擎，而这四种 DPL 引擎需要庞大和多样化的底层应答单元能力支撑，每一个应答单元能力又需要很多底层算法或技术做基础，如图 2-12 所示。

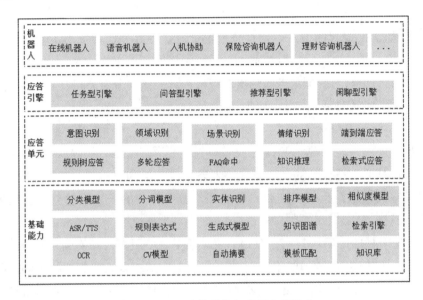

图 2-12　DPL 应答引擎与底层支撑能力

6. 答案生成初识

答案生成（NLG）是在 NLU、DST、DPL 的基础上，根据学习到的策略来生成对话回复。对于不同类型的应答服务，其 NLG 过程还有些差异。

- 问答型对话中的 NLG 通常根据问句 FAQ 分类、知识库检索、规则树匹配、知识推理等方式生成用户需要的知识或信息片段，这类回复相对单纯和固定，一旦命中准确度也比较高。
- 任务型对话中的 NLG 就是在 NLU 意图领域识别、DST、DPL 多轮对话的基础上生成回复，一般回复类型包括答案、澄清需求、引导用户、反问、确认或结束对话。
- 闲聊型对话中的 NLG 就是根据上下文进行意图识别，然后通过生成式模型生成开放性回复答案。
- 推荐型对话系统中的 NLG 就是根据用户的行为、轨迹、偏好等信息来对匹配出的候选推荐内容进行排序，然后生成给用户推荐的回复答案。

总的概括起来，自然语言生成可以归类为以下三种生成方法。

- 基于模板的方法。通过预先设定好模板，进行自然语言生成，来返回给用户。例如，已经为您预订 {time} 从 {departure} 到 {destination} 的机票。

- 基于语法规则的方法。判断用户的语句是疑问句还是陈述句等，结合词性进行自然语言内容的生成。

- 基于生成式的方法。通过依靠 Seq2Seq 等模型，计算上下文向量；最终 Decoder 部分结合 Encoder 的输入状态、上下文向量，以及 Decoder 的历史输入，预测当前输出对应于词典的概率分布。

7. 关于多轮对话

1）单轮与多轮对话

既然谈到多轮对话，那就对应着单轮对话的概念。人机对话系统中所讲的"单轮对话"是对话的一种方式，表现形式一般为"一问一答"。用户发出提问问题的请求，系统识别用户的意图，做出相应的一次回答或执行相应的任务。

单轮对话的应用场景是什么？单轮对话主要应用在目标明确并且会话时间较短的浅服务类的业务中。例如，电商行业的客服机器人给客户提供的产品介绍、订单信息查询、退换货流程介绍等内容。在单轮对话中，其本质就在于取代人工工作中高度重复的标准化的客户咨询，可以把单轮对话理解为一个高效率的自助服务帮助文档或者知识库、FAQ 库，可以帮助用户快速获取信息，提升咨询效率。

人机对话系统中讲的多轮对话模式通常表现为多次有问有答的交互形式。在对话过程中，机器人也会发起询问，而且在多轮对话中，机器人还会涉及"决策"的过程，与单轮对话相比会显得更加灵活，应用场景也更加丰富多样。

图 2-13 是单轮对话和多轮对话的对比图，左侧是单轮对话，右侧是多轮对话，U 代表用户，S 代表机器人。可以看到，在单轮对话中，用户明确地一次性发出指令"帮我订一张 9 月 16 日从成都到北京的机票"，机器人一次性接收到这个订机票意图，且获取到了时间、出发地、目的地等信息，并一次为客户完成任务。

但在实际生活中，用户的咨询很少有能一句话就把事情讲清楚并把所有信息都带上的，往往是通过多轮交互对话来完成这个过程，这样才是日常生活中人与人之间的自然对话方式。比如，先说"帮我订一张机票，可以吗？"机器人处理完成这个指令后，接收到"订机票"这个意图，但因为不清楚订机票的具体信息，反问用户"要去哪里""从哪出发""何时出发"，以此获得相关信息，整个过程是通过三轮交互完成的。

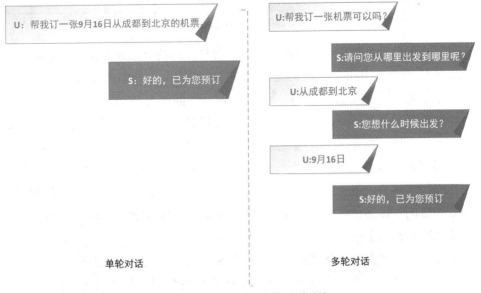

图 2-13　单轮对话和多轮对话对比

人和机器在交流的过程中，大部分时候并不是一帆风顺的，不是一问一答就立刻能解决用户的实际问题。通常来讲，不管"人与人对话"还是"人和机器对话"，大部分情况都是通过来回好几轮的问答，不断和用户进行深入交互获取信息，最终回答或者解决用户的问题。

多轮对话的应用：多轮对话机器人的目标用户通常是带着明确目的的，不过用户的需求较单轮对话来说更加复杂，与此同时，用户希望得到的信息或服务往往是能够通过限定条件来实现聚焦定位的。通常可以应用在信息搜索、商品或服务推荐、咨询等场景中。

2）场景

很多情况下，多轮对话都是基于完成明确的目标的。完成这些目标的过程大多情况下都是处于某个具体场景。什么是场景？场景指特定的情景及其上下文。如图 2-14 所示，在日常生活中，"订机票""吃午饭""去银行开户"均是不同的场景。

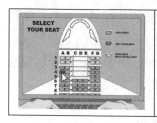

图 2-14　各类场景

在人机对话系统中，场景通常就是为用户处理某个任务或者咨询某类问题的一个情景及其上下文。场景包含以下几个要素，即场景触发/跳出/拉回、场景子意图、场景变量、槽位以及交互流程，下面依次来介绍这些概念。

（1）场景触发，是指进入某个指定具体场景的触发条件，这些条件没有具体限制，可以是指定某个领域和意图就能直接进入，如"白条＋开通"可以进入白条开通场景；"订购＋机票"则可以进入订机票的场景。也可以是单独某种意图进入对应场景，比如"投诉"可以进入处理投诉场景。又或者达到何种特定指定的其他条件，并不局限于固定的要素，比如匹配到关键字"吃晚饭"，就进入吃晚饭这个场景。

说到场景触发，也就是进入的机制，那么对应着进入必然也有场景退出的机制。除了场景正常执行完毕退出之外，有一种情况叫场景跳出（Exit），用户在一个场景中回答的问题不是当前场景期望的输入，则会进行场景跳出。例如，用户在"开通白条场景"中，当前场景的流程节点中期望用户输入自己的身份证号，此时用户又输入了一句"白条怎么还款"，此时会跳出"开通白条场景"，并回答"白条还款"相关问题。当然，在场景设计策略中可以在场景跳出前，让用户确认是否确认跳出。

除了触发和跳出，还存在一种动作叫场景拉回（Pull），即如果用户已经跳出了场景，此时并没有触发新一个场景，则会通过某种策略来询问用户是否需要回到刚刚跳出的场景的策略。这里的策略可以是定时反问，或者将刚刚的场景问题重复一遍，等等。如用户在开通白条场景中需要输入身份证号，此时用户问"你好"，该问句已经跳出了白条开通场景，系统会提醒"如您想继续开通白条，请输入身份证"。

（2）场景子意图（Sub-Intention），是用户问题在一个场景上下文中衍生出来的分支意图，这取决于特定场景需解决的问题。例如，用户贷款分期，流程会走到询问用户是否要对本月还款进行分期操作，当用户做出回答时，场景中会识别用户回答是肯定还是否定，来推动场景任务在正确的分支流程下继续前进。

（3）场景变量，即在整个场景上下文生命周期中共享的存储某个数据的变量，以便于后续流程中使用。

（4）槽位（Slot），是在场景内定义的用于完成该场景任务所需要的要素。如领域、意图、属性、其他必备或可选要素，比如"白条开通"场景需要属性"账号名"；而"天气查询"场景需要属性"时间""城市"。这里讲的"账号名"和"时间"以及"城市"就是各自场景中的槽位。

（5）交互流程，触发某个条件进入场景之后，会通过该场景预设和编排的一系列流程来处理用户的任务，这一系列的流程就叫作交互流程。"交互流程"是场景中的核心部分，下面展开介绍。

3）交互流程

交互流程的基本实现原理是一个有向无环图，通过节点（Node）和边（Edge）来完成一系列的流程编排。这些节点又可以分为资源节点、开始节点、交互节点、话术节点、槽位节点等，通过不同类型节点和带有逻辑块的边，共同构成了完成任务的整个交互逻辑。这里需要注意的是，交互流程既可以是一步到位的"单轮"流程，也可以是支持通过多次的互相进行交互对话或操作的"多轮"流程。图 2-15 是"如何开发票"这个场景的交互流程的可视化示意图，其中，"消金"代表"消费者金融"。

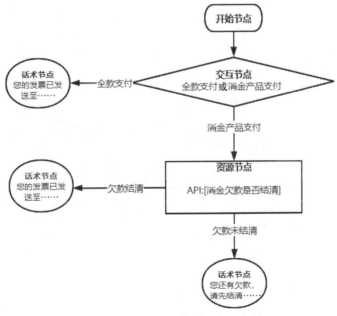

图 2-15　"如何开发票"交互流程

图 2-15 呈现了一个用户在"开发票"场景下的交互流程。首先流程从开始节点发起，来到第一个交互节点，该节点会和用户进行交互，弹出点选框或文字询问用户是全款支付还是用消费金融产品支付（这里的消金产品可能是花呗、白条等类似产品）。当用户回答是全款支付，那么"全款支付"该条边上的条件满足，流程就来到了话术节点告诉用户："您的发票已经开具，并发送至您的邮箱……"；当用户回答的是消金产品支付，那么流程会流转到"消金欠款是否结清"的一个功能节点，其实现是查询该用户的消费金融产品的欠款状态的 API 接口。箭头边是一个条件表达式，表示的是查询结果是否满足某个条件，相当于程序设计语言中的 if 语句。若查询结果是无欠款，那么匹配上"欠款结清"边上的条件，直接输出开发票话术；若查询结果是有欠款，那么匹配上"欠款未结清"边上的条件，输出对应欠款的话术。

图 2-16 所示是"开设发票"的整个场景信息，场景中包含场景变量、槽位以及该场景的交互流程。因用户是从开发票页面进入的，并且咨询了"帮我开发票"的话术，这两个条件同时成立，触发了进入"开设发票"场景的场景触发条件。这个场景的槽位有发票类型、单位代号、纳税人识别号、单位地址。该场景的交互流程是前面提到的"开发票"的多轮任务交互流程。

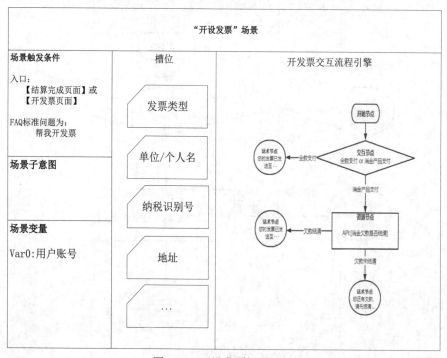

图 2-16　开设发票场景示例

对于交互流程的实现原理比较复杂，这里读者也只需要有个初步的了解即可，后面的章节会展开详细讲解。

2.2.3　模型服务模块

1. 模型与模型空间

作为一个商业化的对话系统，通常需要同时借助模型和规则一起来实现。我们先理清几个概念：模型、算法、语料、模型空间。

什么是"模型"？这里的模型是一个数学概念，是将实际问题转换为数学问题的表示工具。如果还是无法理解，可以把模型理解为一个计算公式或者函数。总之，模型可以将实际问题数学化，将实际问题转化成抽象的数学问题，用便于理解和计算的数学模型表示。

什么是"算法"？算法即计算方法，是用于求解出数学模型用的。算法是求解出模型的方法。算法将实际问题中所蕴含的数学问题进行求解。

在机器学习中，模型指代的是目标函数，算法则是求解该目标函数的方法。再通俗一点，模型是"算法 + 数据"训练后的产出物。算法通过在数据上进行运算产生模型，算法与模型是一对多的关系，一个算法运行在不同的训练数据上可以得到不同的模型。这里的训练数据即是"语料"。图 2-17 描述了"算法""数据""模型"三要素之间的关系。因为本书的重点不是讲解机器学习本身，关于这些概念可以参考非常经典的机器学习入门书籍，周志华老师的《机器学习》（俗称"西瓜书"）。在综合型人机对话系统中，很多地方会用到模型，比如领域分类模型、意图分类模型、分词模型、相似度模型、实体识别模型、情绪识别模型等。

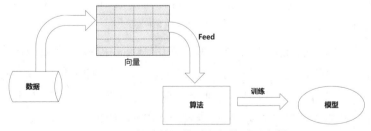

图 2-17　算法数据模型之间关系示意图

什么是"语料"呢？语料本质上就是图 2-17 中提到的数据，是模型的训练数据，训练师在算法工程师的要求下对语料进行有监督的学习标注，但在数据被标注之前，我们把所有语料数据称为原始语料，常指历史上真实发生过的服务聊天对话、提问记录、用户和服务人员的闲聊（非业务聊天）等素材。这里既然提到了"有监督"，顺便多讲两句关于有监督和无监督。通俗地说，有监督又被称为"有老师的学习"，无监督被称为"没有老师的学习"，所谓的老师就是标签。有监督的过程为先通过已知的训练样本，且已知输入和对应的输出来训练，从而得到一个模型，再将这个模型应用在新的数据上，映射为输出结果。经历这个过程，模型具有了预测能力。无监督相比于有监督，没有训练的过程，而是直接拿数据进行建模分析，也就是没有老师告诉你对错，全靠自己去探索。

什么是"模型空间"？模型空间是用于管理同一个算法对应的不同版本的模型而生的。举个例子，对于一个网站其新闻版块的分类算法，初期该网站新闻有：经济、体育、文化、政治版块。该分类算法通过数据训练出了 Model-1.0 是一个四分类模型。但随着时间的推移和业务的发展，现在又多了娱乐版块、教育版块，其分类数目增加了两项，故又使用该算法和相关数据训练出了 Model-2.0，是一个六分类算法。该六分类算法初期因为数据不够多，训练得不够准确，所以半年后，通过语料的增加，又训练出更精确的 Model-3.0 的模型。

对于做新闻版块分类的算法就对应了三个不同版本的模型，模型空间就是便于管理同一个功能不同版本的多个模型的概念。图 2-18 所示为两个模型空间的例子。

模型空间	功能	模型名称	版本号	状态	加载状态	加载机器	算法
纽时-新闻板块分类	新闻分类	NewsClassify-NewYorkTimes	20230501	启用	已加载	5	tensorflow_classify_general
		NewsClassify-NewYorkTimes	20220101	未启用	未加载	5	tensorflow_classify_general
		NewsClassify-NewYorkTimes	20170723	未启用	未加载	5	tensorflow_classify_general
FAQ-相似问题排序	相似度排序	FAQ_Sort	20230101	启用	已加载	3	tensorflow_sorting
		FAQ_Sort	20220101	未启用	未加载	3	tensorflow_sorting
		FAQ_Sort	20210101	未启用	未加载	3	tensorflow_sorting

图 2-18　两个模型空间例子

在对话系统应答处理过程中，需要使用到很多模型，比如当用户说一句话，要对用户说的话进行粗分类识别、领域识别、意图识别，这里就使用到了三种分类模型，同时还要看用户的情绪如何，故还要使用情绪识别模型。有可能用户进入了某个场景，需要填槽，就需要用到实体识别模型。有可能用户的问题，FAQ 能回答，要用到相似度模型，诸如此类。而每个模型都有不同的版本类型、不同的迭代版本。故通过模型空间会将这些模型进行统一管理，方便使用。

2. 模型训练

什么是模型训练？前面讲了模型是"数据+算法"训练而产生的，那么训练这个过程就尤为重要了。要得到一个效果很好的模型，训练过程不是一蹴而就，而是通过不断地迭代演进而来。

这里我们用一个相似度模型来举例，因为在生产日常运营过程中，业务在不停地迭代，用户的问题也会越来越多、越来越复杂，很有可能积累到今天的数据训练出来的一个模型，在两个月之后就不那么适用了，所以模型也需要不停迭代以训练反哺的过程。因为这里面涉及的模型特别多，算法也会特别多，所以数据量会特别巨大，模型训练模块就是为了把模型在线、离线训练等统一管理起来。

后面专门有章节来介绍模型训练，在这里我们进行简单的讲解，让读者有个初步和宏观的认识。

3. 模型服务化

算法工程师通过各种训练和调试，终于训练出来一个非常好的模型，但是这个模型想要真正落地商用还是有非常多的工作需要做，这就是我们常说的工程化。工程化需要考虑的事情非常多，需要做模型文件的提取移植、模型压缩、模型加速等。模型落地部署的方式很多。

- 集成进应用或服务中。
- 封装成一个 Web 模型服务，对外暴露 API 接口，供外部调用。

如果将模型直接放进应用或服务中，在模型数量不多、业务规模不大的时候能够简单地对付，但是伴随着模型数量的增多和业务规模的扩大，会造成模型预测与业务逻辑处理的耦合，增加应用上线的成本，也会引起争抢资源的情况。**模型服务化**能够将机器学习模型预测过程封装成独立服务，解耦业务处理逻辑和模型预测。如图 2-19 所示是一个模型服务化后的示意图，假设某场景会用到三个分类模型，当用户刚进来咨询问题的时候，判断该用户咨询问题所在的"领域"，需要用到"分类模型-1"，同时另外一个模型"分类模型-2"需要判断用户咨询的这个问题的"意图"。当通过"算法+数据"训练出这两个分类模型并加载后，注册到一个叫作"注册中心"的地方，当机器人在执行过程中，需要使用这两个分类模型的时候，就去注册中心上查找，如果查找到对应的模型服务存在，那么就通过从注册中心上获取的服务信息（例如 IP、端口、服务名、版本号等），去调用模型服务，模型服务返回结果。这个过程就好比某网上商店进了一批货，将货物上架后，消费者才能发现，并发起交易并支付。服务就好比货物，注册中心就好比货架，而机器人则充当消费者。

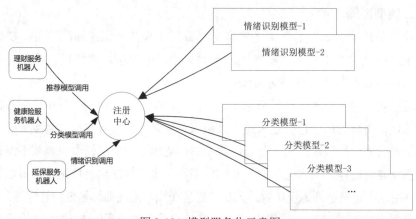

图 2-19　模型服务化示意图

这里读者仅需要稍作了解即可，后面会详细介绍如何进行模型服务化。

4. 语料管理

之前有谈到过，模型是由算法和数据训练而成的。这里提到的数据就称为语料，而对于每一个模型都有对应的语料。语料一般会划分为训练集语料、验证集语料、测试集语料。Ripley，B.D 在 *Pattern Recognition and Neural Networks*（1996）中给出了这三个词的定义，翻译如下：

- 训练集：用于训练模型（拟合参数），即模型拟合的数据样本集合，如通过训练拟合一些参数来建立一个分类器。
- 验证集：用于确定网络结构或者控制模型复杂程度的超参数（拟合超参数），是模型训练过程中单独留出的样本集，它可以用于调整模型的超参数和用于对模型的能力进行初步评估。通常用来在模型迭代训练时，用以验证当前模型泛化能力（准确率、召回率等），防止过拟合的现象出现，以决定如何调整超参数。
- 测试集：用来评估最终模型的性能如何（评价模型好坏），测试集没有参于训练，主要是测试训练好的模型的准确能力等，但不能作为调参、选择特征等的依据。简单点说，它只是用于评价模型好坏的一个数据集。

对于一份语料，如何对其进行合理的划分呢？大致可以参考三个原则：①对于小规模样本集（万量级），常用的分配比例是 60% 训练集、20% 验证集、20% 测试集；②对大规模样本集（百万级以上），只要验证集和测试集的数量足够即可，例如有 100 万条数据，那么留 1 万验证集、1 万测试集即可。1000

万的数据，同样留 1 万验证集和 1 万测试集；③超参数越少，或者超参数越容易调整，那么验证集的比例越少，更多的分配给训练集。

2.2.4　配置服务模块

配置服务模块是提供给运营人员使用的管理后台，包含知识管理、场景管理、应答单元配置等。

1. 知识管理

在应答处理过程中，所有的信息其实都来自底层的知识体系。知识体系的形式是多样化的，包含但不限于文章知识库、FAQ、知识图谱。对于知识的组织形式，可以根据业务的不同需要来组织知识管理体系。如图 2-20 所示是以领域、意图二层结构去组织的 FAQ 知识。

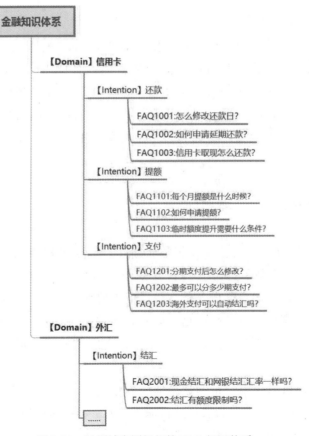

图 2-20　以领域意图组织的 FAQ 知识体系

2. 场景管理

前面章节讲解过，"场景"是指特定的情景上下文，可能是帮助用户解决一个任务的场景，也可能是一个完成一次咨询的场景，如订机票是为了解决一个任务，询问天气是一个咨询场景。当用户说的话，触发某个场景条件，就会进入该场景。场景主要由交互流程引擎实现，故当用户进入具体的某个场景，就会按照该场景中预设的交互流程引擎来往下执行。所谓场景管理，便是管理维护若干个场景的模块。如图 2-21 所示为场景管理一瞥。

场景名称	类型	交互流程名称	状态	生效时间	失效时间
如何开设发票	多轮	开发票	启用	4/5/2019 0:00	22/10/2026 0:00
帮忙预订机票	多轮	机票预订	启用	4/5/2019 0:00	22/10/2026 0:00
提升信用卡额度	多轮	信用卡提额	未启用	4/5/2019 0:00	22/10/2026 0:00
如何注销信用卡	多轮	注销信用卡	启用	4/5/2019 0:00	22/10/2026 0:00

图 2-21　场景管理一瞥

3. 应答单元配置

在应答服务模块中，要支撑不同的 DPL 引擎，需要不同的应答单元支撑，而应答单元又需要许许多多底层应答能力支撑，比如分类、摘要、实体识别、CV（计算机视觉）、相似度、排序等。而这些底层能力有些是通用的是可以复用的，有些是某些业务客制化特有的。故可以通过配置来完成某些应答单元的构建，再通过多个应答单元的组装可以构成一条 DPL 处理链。

2.2.5　统计分析与监控模块

机器人在运营过程中会产生很多业务数据，这些数据对于经营的统计分析是非常有用的，需要通过统计分析模块来进行。比如，通过咨询数据分析，可以看出最近咨询的热点问题是什么，以便调整经营策略，或者发现某个产品问题比较多，需要及时去解决这些问题。同时根据沉淀下来的用户数据，也可以不断反哺我们的模型和规则，让机器人的人机对话能力和准确度不断提升。

监控模块可以根据日常的数据曲线划定阈值，当某天的数据异常波动也可以进行预警，可通过分析发现异常原因，为下一步的行为提供数据依据。如图 2-22 所示是分析用户当月热点问题的一个统计信息。

排名	标准问题	咨询量	单个问题占比
1	欢迎语条件推荐	94000	31%
2	信用卡怎么提前还款	25800	8.50%
3	如何注销信用卡	6120	2.10%
4	信用卡激活失败怎么办	4400	1.47%
5	信用卡额度提升攻略	3000	0.99%

图 2-22 热点问题分析一例

2.3 本章小结

本章分层展现了综合型人机对话系统总体架构的全貌，并一一阐述架构中的一些核心服务模块，让读者对人机对话系统有个宏观而初步的认知。同时，本章也将本书中会频繁提及的专有词汇做了通俗的讲解。接下来各章会针对架构中具体的点进行精讲，带读者从宏观到微观全面深入了解如何打造一个人机对话系统。

## 第3章

理解用户的
自然语言

　　在宏观地了解了人机对话系统整体架构后，本章开始带领读者详细探索应答流程各个环节具体的功能以及这些功能是如何工作的。

　　本章主要让读者了解当用户说一句话的时候，计算机是如何理解用户的自然语言，即2.2.1节所提到的自然语言理解（NLU）的过程。

3.1 什么是自然语言理解

人类在认知一个事物的过程，通常都从定义开始，即"是什么"的问题。书面化的定义往往是由富含较多专用词汇和精练语言组成的，对于非科班出身的读者来说不易理解，笔者先不给出"自然语言理解"的定义，而是先从身边日常生活谈起。

在日常生活中人类通过自然语言来表达自己的想法。自然语言本质是一种人类大脑能够理解的信号，它可以通过声音、视觉、触觉的形式通过人类大脑的某些区域转换成人类能够理解的意义。与人类大脑的处理方式有所不同，计算机主要处理 0，1 这类数字信号，能够让计算机能够理解人类的语言，是自然语言理解的核心要义。

先来看一个简单的例子，如图 3-1 所示，用户想询问天气情况，"今天成都天气怎么样"这句话人类理解起来并不困难，但是对于机器人来说，要想直接理解用户的想法就有一定挑战了。一种简单粗暴的方式是：通过穷举所有和这句话相似的问法，而每一种问法背后对应了机器人需要执行"查询成都天气"这一动作。不同的相似问法包括"今天成都的天气怎么样？""成都今天的天气预报？""成都今天下雨了吗？""成都现在出太阳了吗？"等，如图 3-2 所示。

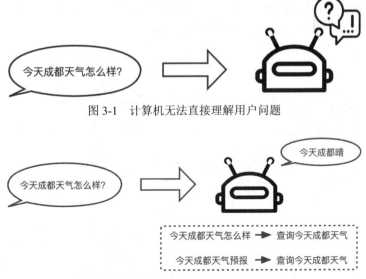

图 3-1　计算机无法直接理解用户问题

图 3-2　通过问句匹配的方式理解用户问题

通过穷举所有问法，机器人能够执行"查询成都天气"这一动作，从而较好地回答关于"今天成都天气如何"相关问题。但是当用户逐渐不满足于机器人只能够回答"今天成都天气"，进一步需要让机器人能够回答不同时间、不同城市和地区的天气情况。如果还通过穷举问法的方式，把这些不同时间、各个城市地区的天气情况的问法都穷举出来，例举的句子数量会非常庞大。

为了解决上述问题的复杂性，可以使用更加聪明的办法，将用户问题通过抽取关键信息，用结构化的方式来进行表达。如上文用户问题可以提取出几个关键信息来帮助机器人理解，这几个关键信息包括：意图、地点、时间。用户的问题将被识别为如图 3-3 所示结构。

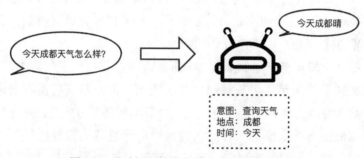

图 3-3　通过问题结构化的方式理解用户问题

结构化用户问题的方式相较于穷举所有的问法来说更具有可行性，只需要确定需要提取用户问题的语义信息即可。通过上述方式将用户问题通过关键语义信息来表达，能够将不同的表达方式转化为相对统一的结构，避免了需要穷举所有可能表达方式的问题，如图 3-4 所示。

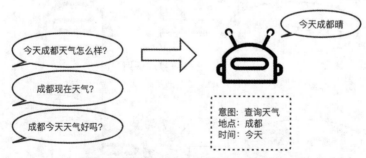

图 3-4　通过统一结构理解用户不同问法

确认需要提取的语义信息通常与机器人需要完成的具体业务场景有关，一般来说对于用户的问题需要抽取的主要语义信息如图 3-5 所示，关于每种语义信息的含义下文会有讲解。

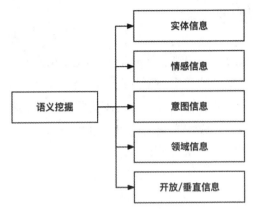

图 3-5 语义挖掘主要语义信息

用户的表达方式多种多样，可能包含很多无效信息，也可能通过如语音等多媒体方式来表达，为了更好地让机器人抽取用户的语义信息，需要对用户问题进行初步处理。接下来首先会向读者逐步介绍如何预处理用户问题，其次对如何进行语义挖掘以及倘若语义出现缺失应该如何进行处理展开讲解。

综上所述，NLU 的目标就是把用户的语言转化为实体信息、情感信息、意图信息、领域信息、开放 / 垂直信息等语义信息，以方便被计算机理解。来看一下自然语言理解的定义：自然语言理解（Natural Language Understanding，NLU）是所有支持机器理解文本内容的方法模型或任务的总称。通过通俗的讲解之后，再来看定义会更有助于读者去理解。下面笔者会就如何得到上述信息，进行更为详细的阐述。

3.2 用户问题预处理

在实际场景中用户的问题可能包括各种类型，比如图片、语音、文字等，也有可能包含没有意义的文字。用户问题预处理的目的是对用户的问题进行文本层面的加工与转换，为后续的算法模型或应答策略做数据准备。用户问题预处理包括问题类型处理、分词处理、停用词处理等，如图 3-6 所示。

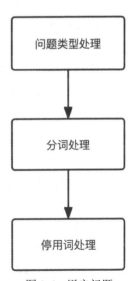

图 3-6 用户问题预处理流程

3.2.1　问题类型处理

随着人机对话系统与用户交互形式的多样化，用户输入问题有时候可能并不仅限于文字，除了基本的文本类型外还可能会有表情、图片、表单、语音等形式。对于这些不同类型的输入有多种处理方式，如直接将图片或语音编码放入算法模型进行训练，完成端到端的输出，这里介绍一种将它们均转换为文本的形式来进行统一处理的方式，如图 3-7 所示。

图 3-7　问题类型流程

1. 语音类型问题处理

当用户通过语音输入问题后，系统通过自动语言识别技术（Automatic Speech Recognition，ASR），将用户的语音转换为文字形式。自动语言识别技术主要是通过用户输入的一段语音信号转化为一段文字序列。

2. 表情处理

用户在输入文字的时候常常会输入表情来让自己的表达更为生动形象，识别用户发送的表情来获取用户所表达的内容，将对应的表情转换为文字来让人机对话系统可以理解用户的表达。如图 3-8 所示。

3. 图片处理

用户在输入信息的时候常常会通过图片来表达，如一些订单截图、商品信息等。这里根据具体场景使用图像识别技术来提取用户图片内容并将其转换为对应的文字。

图 3-8　表情转换为文字信息

如图 3-9 所示为通过用户的订单页面截图来获取用户的订单号信息。

通过问题类型处理后，用户输入的不同类型内容已经统一转换为了文字，等待进一步处理。

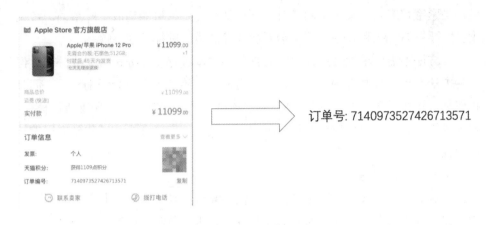

图 3-9　提取图片中关键信息

3.2.2　分词处理

在英文中每个句子的不同词语都是通过空格或标点符号分隔开，但是在中文中无法通过这种方式来对词的边界进行划定进而提取词语。在中文的表达中，虽然是以字为最小单位，但是一篇文章的语义表达却仍然是以词来划分的。因此处理中文文本时，需要进行分词处理，将句子转为词的表示，需要通过中文分词技术处理来完成。目前主要的分词方式有以下三种。

1. 基于词典匹配

基于词典匹配思路的基本思想是按照一定的策略将待分析的汉字串与机器词典中的词条进行匹配，匹配成功则按照词典的词分词。按照扫描方向的不同，串匹配分词方法可以分为正向匹配和逆向匹配；按照不同长度优先匹配的情况，可以分为最大（最长）匹配和最小（最短）匹配。

此类方法的优点是做法较为简单高效；缺点是需要独立维护词典，且词典中没有被收录的词语无法被分词，同时这种方法无法考虑上下文语义对于分词的影响。

2. 基于统计方式

从中文的形式来看，不同的词语是相对稳定的字与字之间的组合。也就是说在上下文中，相邻的字同时出现的频率越高，则越有可能构成一个词。字与字相邻共现的频率或概率能够较好反映字与字构成的词语的可信度。因此对分析样本中相邻共现的各个字的组合的频度进行统计，计算它们结合的紧密程度。当紧密程度高于某一个阈值时，便可认为此字组可能构成了一个词。常见模型主要有 HMM 和 CRF，后文会对相关算法模型进行详细讲解。

该方法不需要单独维护词典，对提供的样本进行统计分析可完成分词。但这种方法对于一些共现频度高但是无法组成词语的字的组合会识别异常，同时也较依赖语料质量。在使用如 CRF 算法模型工具时，需要手动配置特征模板，特征模板的设计对分词效果及训练时间影响较大，需要分析尝试找到适用的特征模板。

3. 基于深度学习

随着深度学习技术的迅猛进步，人们逐渐认识到其强大的潜力和广泛的应用场景。其中一个引人注目的领域便是分词技术的革新。在过去，分词主要依赖于传统的统计和词典方法，然而这些方法的准确性和灵活性都受到一定的限制。现在，深度学习技术的兴起提供了新的思路和解决方案。

深度学习通过构建复杂而精细的神经网络模型，能够自动学习数据中的内在规律和特征。在分词任务中，深度学习模型可以捕捉字符或词语之间的深层次关联和依赖关系，进而实现更加准确和高效的分词。通过大量的语料库进行训练，深度学习模型可以学习到文本中的上下文信息、语义特征以及词汇间的关联模式，从而提升分词的精确度和适应性。与此同时，深度学习还具备强大的泛化能力。它可以自动适应不同领域、不同语言以及不同风格的分词任务，而无须过多地手工调整和优化。这使得深度学习在分词技术中的应用更加广泛和灵活。

深度学习模型中的循环神经网络（RNN）和长短期记忆网络（LSTM）模型，在分词任务中发挥了关键作用。这些模型能够处理变长序列数据，并通过捕捉字符或词语之间的时序依赖关系，实现更准确的分词。它们通过循环连接，将前一时间步长的信息传递给后一时间步长，使得模型能够利用上下文信息来辅助分词决策。

卷积神经网络（CNN）在分词技术中也得到了广泛应用。CNN 通过卷积运算提取文本中的局部特征，并通过池化操作进行特征选择。这种结构使得 CNN 能够有效地处理文本数据，并在分词任务中展现出良好的性能。通过将 CNN 与 RNN 等模型结合，可以进一步提高分词的准确性。

条件随机场（CRF）是另一种在分词技术中常用的深度学习模型。CRF 是一种序列模型，通过建立概率模型对序列进行分类或标注。在分词任务中，CRF 可以利用周围词语的上下文信息来判断当前词语是否应该切分，从而提高分词的准确率。

CNN 技术将在 3.3.2 节中探讨，RNN、LSTM 与 CRF 将在第 9 章详细讲解，这里不再展开。

3.2.3 停用词处理

在自然语言表达中，一句话中会存在如语气助词、介词、连接词等自身并无明确意义的词语，比如"的""了""得""之一"等。这些字或词在文字表达中可能会大量出现，但本身不具有什么信息量。在对句子后续的处理中，如文本匹配召回相似问题时，对这样的词语搜索无法保证能够给出真正相关的搜索结果，难以帮助缩小搜索范围，同时还会降低搜索的效率。

停用词处理就是把低信息量的词语过滤掉，留下高信息量的词语的一个过程。选择停用词的思路是：当某个词在所有类型的文本出现的概率都很高，这类词是可以选择停用的。也就是说，这类词适用于所有类型的文本，这时便可以考虑去掉。如果只是词语字面意思无意义，但是可能对类型识别有帮助，这类词就可以选择保留。

例如，一个停用词表内容是"了""啊""是""接着""呢"。对于一个用户输入的句子"我开通了信用卡，接着如何激活呢"。进行停用词处理就会成为"我""开通""银行卡""如何""激活"。去除原句子内"了""接着""呢"。

3.3 NLU 语义挖掘

完成用户问题预处理后，影响语义挖掘的噪声和干扰就去除得差不多了，接下来会对用户问题进行语义挖掘，为后续应答流程提供语义信息支持。具体需要挖掘的语义和不同的应用场景有关。常用的语义挖掘信息包括实体信息、情感信息、意图信息、领域信息、开放 / 垂直领域信息等。

3.3.1 实体信息

实体信息是指文本中具有特定意义的词语，比如人名、地名、机构名、专有名词、数量、货币等文字。如"今天杨明住上海"这句话，从这句话中识别出时间、人名、地点这些实体，结果是：今天（时间）、杨明（人名）、上海（地点）。

识别实体信息的方法目前主要分为两类：基于统计的方法以及基于深度学习的方法。实体识别问题本质上与上文的分词问题类似，也是对用户文字输入的每个字打上某个标签来完成训练与预测。如下是按照上文提到的 BIOES 标注模式进行的训练集标注。

如图 3-10 所示，标注的实体有 3 类：时间（TIME）、人名（PER）、地点（LOC）。

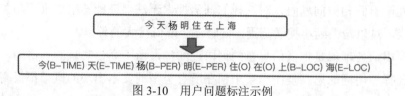

图 3-10　用户问题标注示例

在训练完成后，将需要实体识别的文本输入到模型中，模型预测每个字并打上训练时的标注完成实体识别，如图 3-11 所示。

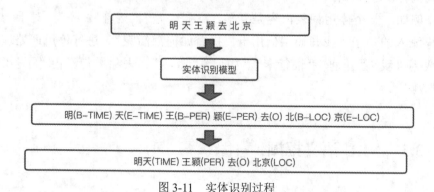

图 3-11　实体识别过程

1. 基于统计的方法

上下文中，相邻的字同时出现的次数越多，就越可能构成一个词。因此字与字相邻出现的概率或频率能较好反映词的可信度。也就是说，当字与字频繁地相邻出现时，它们更有可能被视作一个整体。为了有效地利用这种频率信息来识别文本中的词汇，研究者们开发了一系列的方法。其中，条件随机场（CRF）模型便是常用且有效的一种。CRF 模型能够综合考虑上下文信息，通过计算相邻字之间的转移概率以及字与标签之间的发射概率，来推断最可能的标签序列，即词汇的划分。这种方法不仅考虑了相邻字的出现频率，还融入了更多关于文本结构和语义的信息，因此能够更准确地识别出文本中的词汇。

当然，CRF 模型只是众多处理方法中的一种。第 9 章将详细介绍 CRF 模型的工作原理以及与其他模型的比较，帮助读者理解这种方法。

2. 基于深度学习的方法

随着深度学习技术的不断进步与革新，它为实体识别任务带来了革命性的改变，提供了全新的解决方案。传统的实体识别方法往往受限于人工规则与模板，难以应对文本数据的复杂性和多样性。基于深度学习的实体识别方法则以其强大的特征学习能力和上下文表示能力，为实体识别带来了技术突破。

深度学习模型通过构建复杂的神经网络结构，能够自动学习文本中的特征表示，捕捉词汇、语法、语义等多个层面的信息。这种自动学习的特性使得深度学习模型能够更准确地理解文本的含义，从而实现对实体的精确识别。同时，深度学习模型还能够有效地表示文本的上下文信息，考虑前后文的关系，为实体识别提供更全面的信息支持。

除此之外，基于深度学习的实体识别方法还具有捕捉长距离句子信息的能力。传统的实体识别方法在处理长句时往往存在困难，难以准确捕捉句子中的长距离依赖关系。而深度学习模型通过其复杂的网络结构和强大的学习能力，能够跨越句子中的长距离，捕捉到更多的上下文信息，从而提高实体识别的准确性。

第 9 章将详细讲解基于深度学习的实体识别的具体原理、方法。通过深入了解深度学习模型的架构，读者将能够更全面地理解基于深度学习的实体识别的优势和应用价值。

3.3.2　情感信息

在用户与对话系统的交互中，常常会有一定的主观情感信息。特别是在客服场景中，如果用户充满愤怒、不满意、沮丧等负面情感且不能得到及时安抚时，会对用户体验造成较大的负面影响。为了解决该问题，获取情感信息的过程必不可少。在语义挖掘中分析出的情感结果可以给后续的应答模块带来辅助决策。

情感类别和业务相关，可以将情感信息分为两大类：一类是情绪的粗分类，包括正面情绪、负面情绪、中性情绪；另一类是情绪细分类，包括开心、焦虑、生气、难过、害怕、失落、其他。对于情绪的分类可以根据业务的需求进行调整，以便后续应答使用不同的策略，如图 3-12 所示。

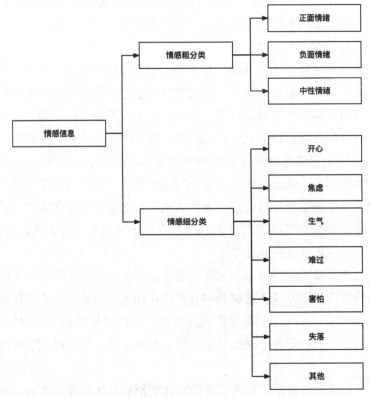

图 3-12　情感分类

获取情感信息的方式有基于规则的分类方式与基于机器学习的分类方式。

1. 基于规则的情绪识别方式

这种方式可以通过词典来实现。首先需要维护一个情绪词典，如图 3-13 所示，每个词典的分数可以通过标注或者训练得到。然后可以划定一个分数范围，如小于 –5 分表示负面情绪，–5~5 分表示中性情绪，大于 5 分表示正面情绪。

在用户的话输入进来后，对用户问题的分词结果赋予词典中对应的分数，再把各项得分相加便可以判断出用户的情绪。如用户输入是："感谢回答，我很满意"，那么根据图 3-13 情绪词典，这句话的情绪得分为"感谢"（6.9）+"满意"（5.09）= 11.99。根据划定的标准，该分数大于 5，属于

垃圾	-4.09
死	-5.09
开心	6.69
感谢	6.9
去死	-5.09
满意	5.09
...	

图 3-13　情绪词典

正面情绪。

　　上述基于词典的情绪识别方式只能识别正面情绪、负面情绪、中性情绪。可以扩展打分的维度来扩展识别多种情绪，如图 3-14 所示。

值	开心	焦虑	生气	难过	失落	害怕	其他
垃圾	0	0.5	3.2	0	0.8	0.6	0.1
死	0	1.3	2	0	0.3	1.5	0.1
开心	4.5	0.1	0.1	0.1	0.1	0.1	0.1
感谢	3.5	0.1	0.1	0.1	0.2	0.1	0.1
...							

图 3-14　情绪词典细分

　　通过对词典的情绪进行细分可以更加精细化地控制情绪的识别结果，不过这对于维护情绪词表提出了更高的要求。

2. 基于机器学习的情绪分析

　　基于规则的方式依赖质量较高的情感词典，且中文的表达博大精深，词性较为多变，只通过规则的方式来识别情绪有一定的局限性，通过规则的方式结合上下文的识别能力也相对较弱。

　　目前常用的情绪分析机器学习方法有朴素贝叶斯、SVM 等。随着深度学习技术的发展，文本情绪分析领域也在深度学习的帮助下有了更多的想象空间。目前运用于情绪分析的深度学习技术有很多，比如 word2vec、CNN、RNN、LSTM、BERT 等，如图 3-15 所示为使用 CNN 进行情绪识别的方法。

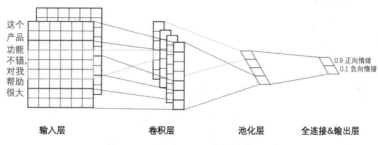

图 3-15　通过 CNN 进行情绪识别

　　CNN 进行情绪识别共分为四层，分别是输入层、卷积层、池化层、全连接 & 输出层。输入层主要负责将需要识别的句子转换为需要参数输入模型；卷积层负责保留文字中的特征；池化层用来降低参数量级；全连接层类似传统神经网络的部分，用来输出想要的结果。图 3-15 中模型最终输出为识别句子正向情绪和负向情绪的概率。

在实际运用中也可以使用规则与情绪识别模型结合的方式，规则提供更加灵活和精确的调整空间，而情绪识别模型提供对情绪分析的泛化能力，如图 3-16 所示。

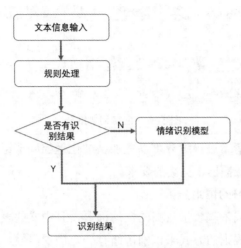

图 3-16　结合规则与模型识别情绪

图 3-16 中用户的问题首先会通过规则处理模块，如果规则处理模块有明确的结果，则优先使用规则模块处理的结果，否则调用情绪识别模型来获得模型输出的情绪分析结果。

3.3.3　意图信息

意图代表用户对"业务"数据的操作，通常是一个动词，如查询、注销、开通、关闭。比如"我要注销信用卡"，其中业务是"信用卡"，意图是"注销"。意图对应用户在某个领域中想要表达的中心诉求，比如开通、注销、注册、购买、还款、还款方式、还款流程、还款提醒、联系人工、退款流程、发票开具等。不同的业务的意图可能相同也可能不同，如信用卡下的意图可以是开通、还款、分期等，借记卡的意图可以是开通、转账、提现等。以下介绍两种意图识别的方式。

1. 基于模板匹配的方式

在引出模板概念之前先介绍一下模板特征词。

1）模板特征词

模板特征词是具有一类特征的词语，如我想要、我打算、我计划、我准备。特征词是为了定义模板使用，可以使模板的匹配更加精确，匹配相对泛化。

2）模板

模板是一类用抽象的语言表述的规则，用于描述某一个或某一类特定表达形式。模板可以用于识别用户的意图，如图 3-17 所示。

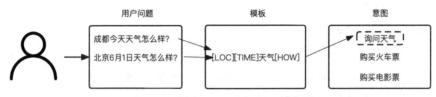

图 3-17　模板匹配用户问题识别意图

图 3-17 中 [LOC] 表示地点词槽，[TIME] 表示时间词槽，"天气"是固定表述，[HOW] 表示"如何""怎么样"这类的模板特征词。这个模板可以匹配如"成都今天天气怎么样"，"北京 3 月 21 日天气怎么样"类似结构描述。

单个模板匹配的结构较为固定，匹配的用户表述方式相对有限，如果用户通过不同的方式表达会出现无法匹配的问题，如图 3-18 所示。

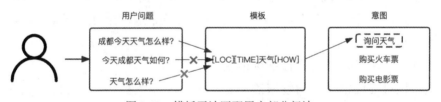

图 3-18　模板无法匹配用户部分问法

图 3-18 中，由于 [LOC][TIME] 天气 [KW_HOW]，只能匹配类似"成都今天天气怎么样"问句。如果用户将地点和天气的顺序倒过来，如询问"今天成都天气怎么样"，或者只能匹配部分模板，如询问"天气怎么样"，则无法匹配 [LOC][TIME] 天气 [KW_HOW] 这个模板。为了解决这个问题，可以通过多个子模板的方式来进行匹配，将 [LOC][TIME] 天气 [HOW] 拆分为如图 3-19 所示。

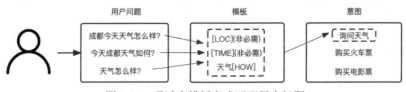

图 3-19　通过多模板方式匹配用户问题

将原来顺序固定的模板拆分为三个子模板去匹配。通过此种方式用户说"成都天气怎么样"、"明天天气怎么样"或者"天气怎么样"，均可以匹配。

模板方式识别意图的好处在于方法简单，对于问法情况不多的情况下，可以快速地创建来识别用户的意图，缺点是在大量的问法及用户意图需要识别的情况下维护成本较高。

2. 基于深度学习分类算法

和领域识别问题一样，意图识别也可以归类为一个分类问题，通过使用深度学习的分类算法去解决。如常用的 CNN、RNN、LSTM、BERT 等，本书的第 9 章会对这些算法进行详细的介绍。

3.3.4　领域信息

如第 2 章介绍，同一类型的数据或资源，以及围绕数据或资源提供的服务称为一个领域，例如将人机对话系统运用于互联网金融行业时，通常是用该行业的业务来做领域的划分，如白条、小金库，属于两个不同领域。如银行行业下属业务有信用卡、借记卡、贷款、理财、跨境金融、会员权益等不同领域，如图 3-20 所示。

对于解决多领域的应答系统来说，相同的意图可能会涉及不同领域的问题，如"还款"意图，可能涉及信用卡还款和贷款还款，所以对于多领域的应答系统来说获取用户问题的领域信息对于理解用户的问题十分重要。识别用户问题的领域，可以使用基于规则的方式以及通过分类模型的方式。

1. 基于规则的关键字

通过提供划分好领域分类的关键词词表来匹配用户的问题，如图 3-21 所示。

图 3-21 中，左侧部分是领域分类，右侧部分是词表，如果用户的问题包含词表值，那么对应问题的领域就是左侧

图 3-20　银行行业领域划分示例

词表对应的领域值，如用户的问题是"我想咨询下"东方 ×× 理财"的消息"，这个问题命中了词表"东方 ×× 理财"，那么对于这个问题的领域就是"理财"。

基于规则的方法优点是方法简单灵活，但是缺点也十分明显，需要人工列举大量词语且没有泛化能力，无法结合用户的完整表述消息。

图 3-21　领域词表配置

2. 基于深度学习分类算法

随着深度学习技术的发展，基于深度学习的分类方法可以被运用于领域分类中，如常用的 CNN、RNN、LSTM、BERT 等。使用深度学习的方法的优点在于随着训练数据的增多，分类效果会越来越好。同时通过基于深度学习的分类方法相较于基于规则的方法可以更好地结合上文的语义。

3.3.5　垂直 / 开放领域信息

对于综合型人机对话系统，为了能够带来更好的用户体验，除了能够回答用户业务领域相关的问题之外，也需要能够回答开放性的问题，如用户与机器人打招呼、寒暄等。此时可以通过对用户问题进行垂直 / 开放领域识别来辅助机器人后续的应答策略选择。

同样垂直 / 开放领域识别，本质上也是一个分类问题，可以通过规则的方式来进行分类，如提供业务词表、通过词表匹配的方式，含有业务词的领域就是垂直领域否则是开放领域。也可以通过上文提到的深度学习的方式来进行分类识别。

3.4　语义继承与澄清

3.3 节介绍了如何针对单个用户问句进行语义挖掘，但在实际与用户对话中，用户单次与机器人交互的问题有可能会缺失部分语义信息，此时需要尝试获取用户缺失的语义信息。获取用户缺失的语义可以有两种方式，分别是语义继承和语义澄清。

3.4.1　语义继承

在某些情况下如果仅仅针对当前用户描述的问题进行语义挖掘，会丢失上文的语义信息。如用户描述问题时可能会因为上文曾经表达过关联的信息，不会在下一句提问中重复描述问题，如图 3-22 所示。

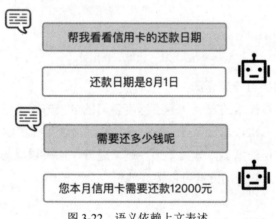

图 3-22　语义依赖上文表述

针对这种情况，需要结合上文的语义来回答用户类似"需要还多少钱呢"这类问题。结合上文语义的一种方法是通过继承上文的语义信息来完成，这里的语义信息包括领域、意图、属性信息。

图 3-22 中，用户的第一句话是"帮我看看信用卡的还款日期"，对这句话进行分析后可以得到领域："信用卡"，意图："还款"，属性："日期"。当用户紧接着提出问题"需要还多少钱呢"，这个问题只有一个语义信息：意图："还款"，属性："钱"，如果仅仅从这句话机器人无法判断出应该如何回答用户的问题。为了尽可能地补充当前问题的语义信息，此时可以通过继承上文的语义来理解用户的问题。继承之后的用户问题就成为：领域："信用卡"，意图："还

款"，属性："金额"。

在使用继承策略的时候，并不是直接无条件地继承上文实体就可以较好地回答用户的问题，有时候上文的实体可能对用户当前的问题是毫不相关的，如图 3-23 所示。

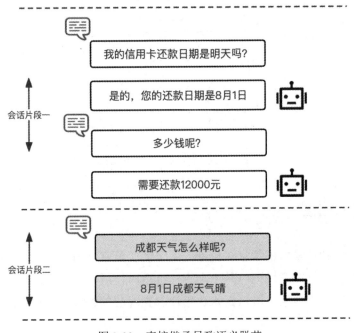

会话片段一

我的信用卡还款日期是明天吗？

是的，您的还款日期是8月1日

多少钱呢？

需要还款12000元

会话片段二

成都天气怎么样呢？

8月1日成都天气晴

图 3-23 直接继承导致语义脱节

图 3-23 中，当用户询问完信用卡相关问题后又开始询问天气情况，如果直接继承用户上文出现的"时间"实体信息，回答明天的天气情况，显然不是用户预期的答案。

为了避免此类情况，当用户说"成都天气怎么样"这类与上文的领域信息不一致的问题时，应该避免继承上文的语义信息，具体做法是将出现在会话上文中基于同一个领域的连续段落视为一个会话片段。比如用户第一个问题是"我的信用卡还款日期是明天吗？"，在用户之后问的问题中没有出现新的领域。那么在同一个会话上下文中从用户的第一个问题"我的信用卡还款日期是明天吗？"到之后出现新领域的问句之前，均属于同一个会话片段。在同一个会话上下文中，如果当前问题的领域与前一个会话片段领域不一致，当前问题会被包含到一个新开启的会话片段中。用户当前问题只会继承当前问题领域片段内的实体，如图 3-24 所示。

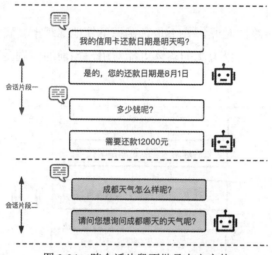

图 3-24　跨会话片段不继承上文实体

3.4.2　语义澄清

用户问题领域与意图信息对机器人回答的质量常常是一个关键的因素。在用户问题没有领域或意图同时从上文无法继承时，或者问题中出现多个领域或意图的情况时，需要触发澄清话术让用户补充对应的领域或者意图。下面提供几种澄清领域与意图的策略。

当用户问题只有领域且上文无法继承意图的情况时，可以发送澄清话术让用户补全意图。如用户直接询问"信用卡"，此时可以发送澄清话术"请问您想问信用卡的什么问题？"，但是该话术的缺点是用户可能无法准确地描述出信用卡这个领域的相关意图。一种比较好的方式是通过推荐意图的方式来让用户选择可能的意图。推荐的意图可以结合用户个人最近在该领域经常问的意图与该领域近期的热门意图，如图 3-25 所示。

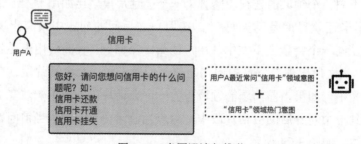

图 3-25　意图澄清与推荐

当用户问题只有意图且上文无法继承领域的情况时，也可以使用类似策略来进行领域澄清，如图 3-26 所示。

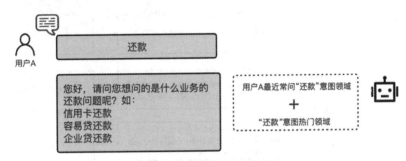

图 3-26 领域澄清与推荐

如果用户问题中出现多个领域或者意图，可以根据领域与意图的识别情况来判断是让用户进行选择确认还是直接应答。下面提供一种多领域或意图的确认策略。

通过模型得分的值来判断是否需要用户确认，假设通过大量测试领域模型，得分大于 0.9 认为准确度较高，小于 0.75 认为领域分类不准确。如果同时出现用户的问题两个以上的领域值均大于 0.9 或者在 0.75~0.9，可以按照以下策略来确认用户意图或领域，如图 3-27 所示。

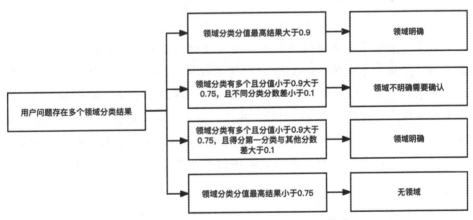

图 3-27 用户问题多领域分类结果处理策略

图 3-27 中，如果领域分类得分最高值大于 0.9，直接获取最高得分的分类。如果领域分类有多个且分值小于 0.9 大于 0.75，且不同分类分数差小于 0.1，此时就存在领域不明确的情况，可以将不明确需要确认的领域让用户进行确认。领域分类得分最高小于 0.75 则判别为无领域。

同理，如果用户问题存在多种意图也可以使用类似的策略进行处理，如图 3-28 所示。

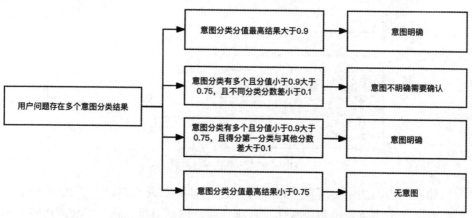

图 3-28　用户问题多意图分类结果处理策略

上述对于多领域以及多意图的处理策略的主要缺点是需要依赖具体的算法模型来设置不同情况的分数阈值，无法做到全行业完全通用。

▌3.5　本章小结

本章节主要让读者了解应答流程是通过哪些步骤来理解用户语义。理解用户语义主要分为问题预处理与 NLU 语义挖掘两部分，同时针对用户语义缺失的情况，介绍了通过语义继承和语义澄清来补充用户语义。在介绍分词、实体识别、情绪、意图、领域识别时，简单介绍了一些深度学习知识，读者会发现所用到的深度学习技术是类似的，这里读者只需要了解它们在预处理或者语义挖掘中能够提供什么样的能力，本书的第 9 章会对涉及的算法知识做系统介绍。

第4章

应答对话管理：
会话状态追踪

　　第2章简单介绍过对话管理（DM）分为会话状态追踪
（DST）和会话策略学习（DPL）两个部分。通过本章学习，读
者可以深入了解DST如何在整个人机对话的过程扮演一个重要角
色和信息载体，接下来将从DST的定义、DST的构造、DST的各
个构成要素来深度剖析，让读者进一步领会到DST的微观世界。

4.1 什么是DST

先来回顾一下，人机对话系统中应答服务的基本流程，如图4-1所示，DST和DPL共同构成了DM。

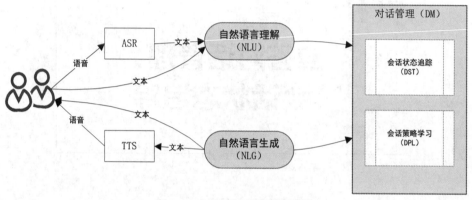

图 4-1 人机应答服务基本流程

第2章将人机对话系统按照应答的类型划分为闲聊型、任务型、问答型和推荐型。在不同类型的人机对话系统中，DM也是不相同的。

任务型应答引擎中的DM就是在NLU（领域分类和意图识别、槽填充等）的基础上，进行对话状态的追踪以及对话策略的学习，以便NLG阶段答案决策、引导用户、反问、确认、对话结束语等。

问答型应答引擎中的DM就是在问句的类型识别与分类的基础上，进行文本的检索以及知识的匹配，以便NLG阶段生成用户想要的文本片段或知识库实体。

推荐型应答引擎中的DM就是进行用户兴趣的匹配以及推荐内容评分、排序和筛选等，以便NLG阶段生成更好的给用户推荐的内容。

闲聊型应答引擎中的DM就是对上下文进行序列建模、对候选回复进行评分、排序和筛选等，以便NLG阶段生成更好的回复。

无论是哪种类型的DM，DST的核心要义是一致的，DST用于维护用户信息及会话状态。会话状态是对当前对话和整个对话历史的累积语义表示。

笔者先明确在本书中"会话"和"对话"的概念，以避免混淆。在本书中"会话"是一段时间内用户与机器人从咨询开始到咨询结束的一段完整交互。

"对话"是用户和机器人的一次问答（即一问一答）。通常情况下，一个会话包含若干个对话。

什么是会话状态？会话状态是一种包含 0 时刻到 t 时刻的对话、对话历史、用户目标、用户信息、意图、领域、槽值对等的数据结构，这种数据结构可以供 DPL 阶段学习策略。从某种意义上讲，会话状态可以认为是整个会话上下文信息。如图 4-2 展现了会话状态在时序上的表达，当一个会话开启后，用户和机器人不停地进行问答交互，其 DST 也会不断跟随时序的前进而迭代追踪。

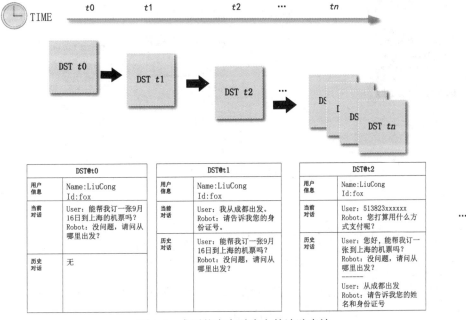

图 4-2　会话状态在时序上的追踪表达

4.2　DST 结构

DST 总体上包含四个部分：用户基本信息、当前对话信息、历史对话信息。如图 4-3 展现了综合型人机交互系统中的 DST 结构定义的全貌。

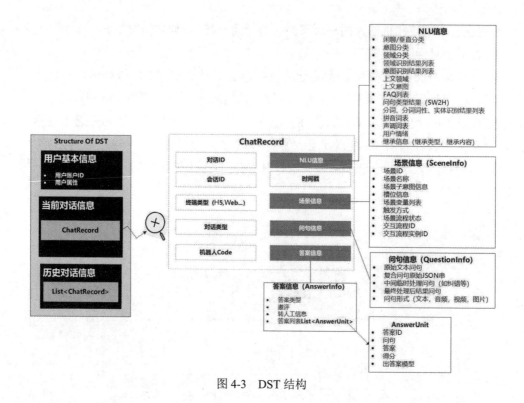

图 4-3　DST 结构

4.3　深入剖析 DST 结构

接下来笔者将为大家展示在综合型人机交互系统中，如何去定义 DST，有助于让读者从微观角度理解 DST 的细节。

4.3.1　用户基本信息

既然称为人机对话，那么有机器人必然也有有血有肉的真人。这里所说的用户基本信息指的就是与机器人对话的真人。真人在一个计算机应用系统中，通常都会有一个唯一标识，这个唯一标识就叫作"用户账号"。好比你在山姆会员店购物，必然有一个唯一标识你在山姆会员店注册的账号。这个标识可能是一个手机号，也可能是一个邮件地址，也有可能是系统为你生成的一个字符串。

"用户属性"是指这个用户具备的一些特征，这些特征可能是用户生理上的，比如姓名、身高、体重、年龄、学历、住址；也可能是用户在所在业务领域所具备的特征，比如客户在金融业务领域的特征有存款额、贷款额度、信用等级、风险评估等级等。

用户基本信息概念相对比较简单，这里笔者就不过多阐述。

4.3.2　当前对话信息之简单要素

对话是指"一问一答"，但在计算机中，如何来表达"一问一答"这个对话呢？为了方便描述，笔者将用户和机器人的一个对话定义为一个类 ChatRecord 来表示。ChatRecord 的结构相对要复杂一些，接下来会为读者一一进行阐述。

1）对话 ID

对话 ID，顾名思义，就是指用于表示一个一问一答的 ChatRecord 唯一标识。

2）会话 ID

"会话"是一段时间内用户与机器人，从咨询开始到咨询结束的一段完整交互（Session）。会话中包含多个 ChatRecord（即对话）。会话 ID（SessionId）就是用于标识从咨询开始到咨询结束这一系列对话的标识符。如图 4-4 展示了对话 ID 和会话 ID 的区别。

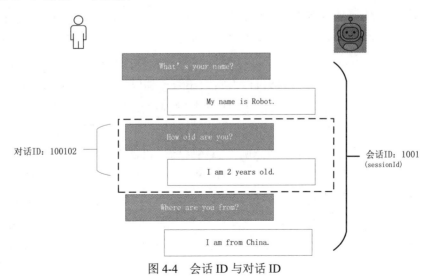

图 4-4　会话 ID 与对话 ID

3）终端类型

终端类型是指用户和机器人交互的时候使用的客户端的类型，可能是一个手机 App 中的 H5 页面，也可能是用户用 PC 端浏览器打开的 Web 页面，还可能是 C/S 结构的桌面应用的客户端应用。之所以"对话"中包含这个终端信息，是为了区分在不同终端答案的处理流程、渲染方式大不相同。

从渲染角度讲，因为对话不仅仅是纯文本，可能还包含一些超文本，这些超文本在不同的终端上呈现表达是不一样的，所以需要在对话中加以区分，以便问题和答案在同一个终端侧保持一致。

从处理流程角度讲，假设读者使用京东金融 App 访问和在个人电脑浏览器中使用 Web 方式访问京东金融和机器人交互，提问"请问我收藏的产品在哪里可以找到呢？"假如你用的是 App，机器人可能会告诉你："请打开 App '我的一产品收藏'中可以找到"；假如你用的是 PC 浏览器，机器人可能告诉你："请单击右上角'我的金融'，在我的关注页可以找到"。

4）机器人 Code

人机对话，既然人可以用账号做唯一标识，同样机器人也有机器人 Code 用于标识机器人，不同的机器人擅长的领域不同。假设你去一个购物网站购买酒类，服务你的可能是一个专门服务酒类客户的机器人，其机器人 Code 为"Alcohol-001"。当你购买的是一款太阳镜，服务你的机器人可能是一个专门服务太阳镜客户的机器人，机器人 Code 为"Glass-006"。

可能读者看到这里，又会有疑问了，假设当 3 个用户同时来咨询酒类服务的时候，此时都是机器人 Code 为"alcohol-001"的机器人在服务，这个机器人是如何同时接待 3 个客户，而不发生错乱或者交叉的呢？也许这就是机器人区别于人的地方了。一个机器人 Code 对应的机器人实例在服务用户的时候是属于无状态的（Stateless）。即机器人实例在运行过程中其内存中不存储任何和客户有关的信息，仅仅按照机器人的程序按照流程处理数据。可能读者又要发问了，如果不存储和记录用户相关信息，机器人服务的时候如何联系上下文来区分不同用户的各种信息和问题呢？虽然同一个机器人 Code 的机器人程序在执行过程中内存中不记录任何状态，但 DST 是和每个具体用户独享一份，DST 会将不同用户的信息利用第三方平台集中式高速存储（如 redis、memocache）等缓存中进行隔离存储，方便请求线程到来时存取和处理使用。以此实现机器人处理实例本身无状态，但又能轻车熟路地处理不同用户的不同对话的请求线程。

5）对话类型

对话类型主要是指该"对话"属于以下六种类型中的哪一种类型："正常应答""开头""结束""补全""反馈""任意话术"。为什么要区分这几种类型呢？它们都是用于判断后续要走的具体处理流程的。

先来说一下"开头"和"结束"两种类型，当用户第一次进线，Web 前端就会知道这是用户进线，当请求发送到机器人后端，就会在对话类型上打上"开头"的标签，机器人便知道需要提供一个开头语。而当用户结束会话，也会触发一条对话消息，并打上"结束"的标签，后面的处理流程便是推送结束语给用户。

试想这样一个场景，当客户在输入框中正在输入"白条"两个字且还没有点击发送时，为了提升用户体验，Web 前端会悄悄发送一条对话消息，并打上"补全"的标签，此时机器人会返回一个以白条开头可能咨询的标准问题的列表，方便用户补全自己的问题，避免打字的麻烦。

当用户聊天完成，想让用户做一个评价邀评，Web 也会发送一条对话消息，并打上"反馈"的标签，发送给后端机器人。

"正常应答"是代表客户和机器人沟通的时候，这个对话即打上正常应答的标签。

6）时间戳

时间戳是指对话的一问一答中发出问题的时间。

4.3.3　当前对话信息之复杂要素

1. NLU 信息

NLU 信息中包含很多语言理解方面的信息。

- 开放 / 垂直分类。当一个问句发送给机器人的时候，首先会判断该问句是在闲聊还是在咨询业务，这个分类也可称为一级分类，有时也可以称为粗分类。

- 意图分类。一级分类是一个非常粗略的分类，当一级分类为咨询业务的时候，还会为该句咨询分出用户的意图，意图在本书第 2 章讲解过了，是指在领域上的动作。比如开通、注销、咨询、注册等。这个意图就是二级分类。

- 领域分类。光有意图还不行，还得知道这个动作是施加于哪个领域的，例如是白条、金条、保险、存款、理财还是证券。这个领域就是指三级分类。

- 上文领域。通常用户咨询产品并不是一句话就能把所有问题描述清楚，通常需要多轮次的交互对话才能最后解决问题。而用户的每一句话发送给机器人的时候，其实都会为当前该句话进行一级、二级（意图）、三级（领域）分类，来区分用户当前这句话的意图和领域是什么。

好了，现在可以说一下什么是"上文领域"，这里的上文意图就是指距离当前"对话"最近的上一个"对话"的领域，这个领域就是上文领域。上文意图很可能和当前的意图是一致的，但也有可能是不一致的。如图 4-5 所示。

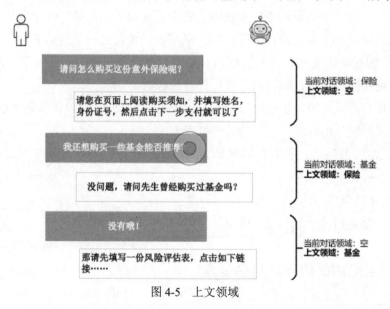

请问怎么购买这份意外保险呢？

请您在页面上阅读购买须知，并填写姓名、身份证号，然后点击下一步支付就可以了

我还想购买一些基金能否推荐

没问题，请问先生曾经购买过基金吗？

没有哦！

那请先填写一份风险评估表，点击如下链接……

当前对话领域：保险
上文领域：空

当前对话领域：基金
上文领域：保险

当前对话领域：空
上文领域：基金

图 4-5　上文领域

- 上文意图。同理，什么是"上文意图"，这里的上文意图就是指距离当前"对话"最近的上一个"对话"的意图。上文意图很可能和当前的意图是一致的，但也有可能是不一致的。
- 领域识别结果列表。领域的识别通常是通过多分类技术来实现的，当用户咨询一句话，领域识别就会输出该句话可能从属的领域，而每个领域会有该句话属于该领域相应的概率得分。如图 4-6 所示，当用户咨询了一句话之后输出的该句所属领域列表信息。
- 意图识别结果列表。意图识别和领域识别类似，通常也是通过多分类技术来实现的，当用户咨询一句话，意图识别就会输出该句话所可能从属的意图，而每个意图会有该句话属于该意图相应的概率得分。

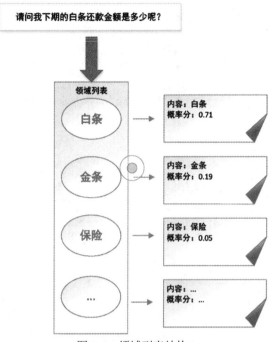

图 4-6　领域列表结构

- FAQ 结果列表。FAQ 的匹配有很多模型可以处理，笔者在这里使用 FAQ 精确匹配模型来实现，当用户咨询一个问题，该模型会输出两个预测值，匹配标准 FAQ 问题的相似度得分和分类得分。在选择最后结果的时候，通过判定相似度得分和分类得分都超过某个阈值，即可认为该结果可以采纳。如图 4-7 所示是 FAQ 结果列表的一个例子。
- 问句类型结果。对用户问题属于 5W2H 中的哪种进行判定，是问"是什么""怎么样""为什么""什么时间""什么地点""多少"中的哪种。
- 分词 / 词性 / 实体识别。对用户问句进行分词，并判定词性，并进行实体识别。如图 4-8 所示是用户的一句咨询通过分词 / 词性 / 实体识别之后的结果。
- 拼音列表。用户咨询的问题逐字译为拼音列表，方便纠错使用。
- 音调列表。用户咨询的问题逐字译为拼音声调列表，方便纠错使用。
- 用户情绪。用户情绪可以简单分为正面情绪和负面情绪，而在实际使用过程中可能更加细粒度分为生气、恐惧、开心、伤心、着急这五类。

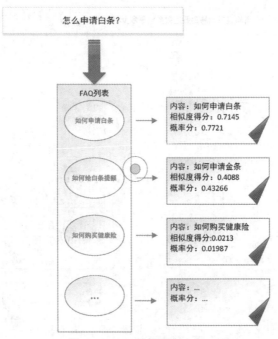

图 4-7　FAQ 结果列表一例

2022年10月1日的时候我可以给我的白条分期吗？

图 4-8　分词 / 词性 / 实体识别

- 用户继承信息。一个对话只可能从上下文中继承一种继承信息，而继承信息中包含用户继承类型和用户继承内容。用户继承的类型包含领域继承、意图继承、业务实体词继承、意图词继承。这里解释一下业务实体词，它是指通过实体识别能力识别出来的业务词汇，比如校园白条、福禄康寿重疾险等，通常业务实体词会比领域本身更加细粒度，比如领域是白条，但业务实体词可能是校园白条（校园白条是白条中的一种）。在有业务实体词或意图词的情况下优先继承业务实体词或意图词，其次继承领域与意图。这里顺便说下继承实现的逻辑，当用户咨询中缺领域的时候，是把业务实体词或者领域补全到用户的问句中，然后重新进行一次 NLU 处理。

2. 问句信息

- 原始问句。顾名思义，是用户咨询的问题的原始信息。
- 复合问句。是保存的多媒体问句的信息，比如图片、音频、视频等，是以 JSON 形式存储的。
- 中间临时处理问句。是用于处理一些形如停用词处理、纠错等中间步骤暂存的临时存储信息。
- 最终处理问句。是经过一系列处理后形成的最终问句的信息存储。
- 问句形式。问句的传播形式，是文本、音频、图片或是视频。

3. 答案信息

- 答案类型。通常可以分为多级答案类型：一级答案类型分为闲聊型、应答型、任务型、推荐型这四大类；二级答案类型是一级答案类型的细分，与具体业务相关，如应答型—敏感词转人工、应答型—FAQ 精确回答、任务型—交互话术、推荐型—推荐列表。对于二级答案类型没有固定的类型约束，这个和不同机器人应答业务相关。
- 是否邀评。通常客服为客户服务完毕后，会邀请用户进行服务评价。这个标志就是用于区分该答案是否会邀请用户进行评价。
- 转人工信息。转人工信息的内容包含：转人工标签（技能组标识）、转人工标签类型（比如技能组类型如语音 VDN 或在线技能组 ID）、转人工标签文本（标签类型中文描述）、转人工规则（Code）、转人工理由（中文）。
- 答案列表。答案列表的结构是一个 List，为何会有多个答案呢？因为在 FAQ 中，有可能几个答案得分比较相近，这种情况会把多个答案都放入该列表。大部分情况下该列表实际上只有一个答案。这里需要注意的是，在问答型 DPL 中，逻辑规则树、FAQ、知识图谱之间是有优先级的，优先级高的出了答案就会跳出，不会再继续执行，所以不会出现逻辑规则树的答案、FAQ 的答案、图谱的答案同时都存在在这个列表中的情况。其列表里面元素的类型是一个答案单元 AnswerUnit。每一个答案单元中包含答案 ID、问句、答案内容、得分、FAQ 标记、答案渲染方式、出答案模型等内容。

4. 场景信息

场景信息是 DST 中最复杂的部分，这里不对场景信息中每一个元素进行详细阐述，在本书第 5 章任务型应答的章节中笔者会进行详细的介绍，这里只需要了解场景信息里面包含了哪些内容即可。场景信息包含场景业务 ID、场景子意图信息、槽位信息、场景变量信息、触发方式、场景流程状态（开始 \ 结束 \ 异常等）、流程 ID、流程实例 ID。

4.3.4　历史对话信息

历史对话信息结构是一个 List<ChatRecord>，可以看出是由多个对话记录 ChatRecord 构成的列表。将该用户在该会话中不同时间点的对话的 ChatRecord 全部按照时间线存储起来，形成一个历史对话链，方便追溯。

4.4　DST 的存储形式

由于 DST 是在整个人机对话过程中使用非常频繁的一类数据，且只需要在用户对话期留存，故 DST 选择存储在高速缓存中，例如 Redis，Memcached 中以 Key-Value 形式存储，设置过期时间为 12 小时。如图 4-9 所示，可以看出 DST 实际上主要是和当前用户以及当前用户的当前会话有关，存取 DST 时，需要有用户 ID 和会话 ID。

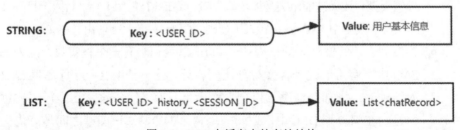

图 4-9　DST 在缓存中的存储结构

在缓存中实际上只存储了 DST 中的用户基本信息和历史对话信息，而没有专门为当前对话信息设计缓存。原因在于，当用户发出一个问题时，该请求线程中的当前对话信息 ChatRecord 实际是存储在当前请求线程请求到的机器节点的内存中，当这个对话（一问一答）完成后，该当前对话 ChatRecord

会作为最近发生的对话信息从内存刷到缓存中，存储到历史对话信息中 List<ChatRecord>。

4.5　本章小结

本章主要让读者了解对话管理中的会话状态管理 DST，DST 是整个人机对话系统中的核心部分之一，整个处理过程的中间数据和最终数据都会在 DST 里体现。后序章节会分别对对话管理中的各个 DPL 进行介绍。

第**5**章

任务型DPL
引擎

　　任务型DPL引擎是任务型对话机器人的核心部件，用于支撑机器人通过多轮对话交互来满足用户某一特定任务需求。通过本章的学习，读者可以深入了解任务型DPL引擎是如何工作的。

5.1　任务型引擎与场景

5.1.1　基于场景实现的任务型 DPL 引擎

第 2 章介绍了"场景"概念，先来回顾一下什么是场景。场景指特定的情景及其上下文，比如在日常生活中，"订机票""开发票""吃午饭""去银行开户"均是不同的场景，都是为用户处理某个任务或者咨询某类问题的一个情景及其上下文。

任务型 DPL 引擎有多种实现方法，这里采用建立在场景基础上来实现的任务型 DPL 引擎，也就是说把用户的任务看作一个场景来完成。一个基于场景的任务包含两个重要环节，分别是场景触发和场景交互。如图 5-1 所示是场景的主要处理流程。

图 5-1　基于场景的任务型 DPL 处理流程

场景触发是用于判定用户的问句是否符合进入某个场景的条件，一旦条件满足，用户可被触发进入该场景；场景触发有一种特殊情况，当前用户咨询的问句已经处于某个历史场景中，这种情况也是场景触发的一种情况。

场景交互的主要目的是通过与用户不断地交互来逐步解决或回答用户的问题。

5.1.2　场景的结构

在讲如何基于场景实现任务型 DPL 引擎前，先来了解一下场景的构造。本书的第 2 章曾简单地介绍过场景的几个基本要素，现在详细地来看看在计算机内部场景是如何构造的，这样方便读者直观地理解"场景到底是什么"。如图 5-2 所示，是场景的一个内部结构示意图。下面详细讲解结构中每个元素的含义。

在实际商业运用中，场景通常是由运营人员提前配置好各种场景信息以及场景触发条件、槽位、属性、交互流程等高级信息。当用户的对话满足场景触发条件，便会进入场景进行场景交互，最后形成答案或者完成用户的任务。下面依次介绍场景内部结构各个元素。

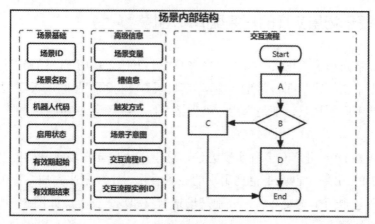

图 5-2　场景内部结构示意图

- 场景 ID：一个场景的编号，通常是唯一的并由系统自动生成。
- 场景名称：场景的名字，比如订机票场景、购买游泳票场景。
- 机器人代码：通常一个机器人平台不只提供一个机器人，而是会提供很多个为不同行业或者业务打造的各式各样的机器人，每个机器人的应答流程是相互隔离的，所以这个机器人代码就是用于区分该场景属于哪个机器人服务。如果只是单一的一个机器人，则不用关心这个概念。
- 启用状态：用于描述该场景是否启用的标志，一般存在开启和停止两种状态。
- 有效期起始和结束：可以为场景指定有效期，通过起始和结束时间来指定。
- 场景变量：用于存放在该场景下所需要的一些数据的变量，该变量的作用域只在该场景下，一般来说定义场景变量后通过调用接口的返回值来赋值给场景变量保存，在之后的条件判断或文本输出中可能会使用到。比如，在一个信用卡申请的场景中，场景变量中可能会存储一些该用户的征信等信息，而这些信息并非是必需的槽位，而是辅助进行风险定价的一些基础数据。
- 槽信息：每个场景通常都需要该场景必需的信息，而这些信息不同的用户是不一样的，这些信息被称为槽信息。比如，订机票的场景下，姓名、身份证号、出发地、目的地这四个要素是必不可少的，需要进行填槽的槽位信息。

- 触发方式：主要是指场景的触发方式，常见的方式有关键字匹配触发、意图触发、模板触发、进线触发等，本书后续章节会详细阐述。

- 交互流程：交互流程是指交互流程组件，是由不同的执行节点和判断节点构成的一个有向无环图，是构成场景交互的核心元素，后续章节会对交互流程组件展开深入讲解，这里就不对交互流程、交互流程 ID、交互流程实例 ID 展开讲解。

- 场景子意图：当用户进入场景后，在交互流程流转的过程中可能产生一个或多个新的在该场景下的意图，称为场景子意图。这和前面所讲的 NLU 中的用户意图不同。打个比方，如图 5-3 所示当用户进入查询信用卡是否逾期的场景中，如果用户逾期，可能会产生一个与用户是否愿意进行消费分期的子意图，其子意图的值可能为进行分期或不进行分期。场景子意图可以通过模板识别，也可以通过算法模型识别。

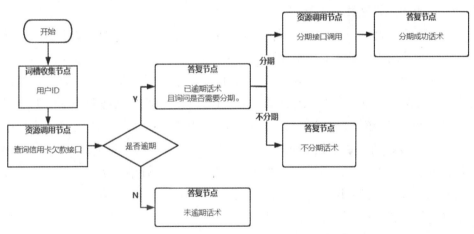

图 5-3 查询信用卡是否逾期过程产生场景子意图

场景子意图存在的意义通俗地讲就是在交互流程流转过程中出现分支的分叉（这个分叉点通常是一个交互节点或是一个槽位节点），和用户进行交互获取用户的回答或者选择，并将用户输入的千奇百怪的语言的语义进行标准的归一化，方便判断下一步推进应该进入哪个分支。打个比方，图 5-3 中分期和不分期是两个标准语义，即用户在"用户是否进行分期"的子意图下的两个子意图值。但交互节点在和用户交互的过程中，用户的回答可能是非标准的答案，用户可能会说"帮我把这个订单拆一下"，或者会说"这个单子还款压力有点大，能不能分一下期"，这对于交互节点来说是难以理解的，所以需要通过分类模型或者模板规则把用户在交互节点上的回答转化为标准语义：分期或不分期。这里分期和不分期就是在信用卡是否逾期这个场景下"用户是否进行分期"这个子意图的两个可选值。

5.2 场景触发

5.2.1 场景触发方式

场景触发，是用于判断当前对话是否满足进入某个预设场景的准入门槛。如果满足触发条件则进入该场景，如果不满足，说明不符合任务型问答的准入条件，则退出整个任务型 DPL 执行。常见的场景触发方式有历史场景触发、FAQ 触发、关键字匹配触发、意图触发、模板触发、进线触发、答案绑定场景 ID 触发。

1. 历史场景触发

当用户咨询一个问题时，优先判定用户是否已经在场景中，如果已经在场景中，直接进入该场景的场景交互环节即可。

大致流程为：当用户发来一条咨询问句，首先要获取该用户的 DST，通常为了方便处理，DST 会以 Key-Value 形式存储到一个集中式缓存中，例如以用户 ID 为键，以该用户 DST 数据为值。获得 DST 之后，从其历史对话信息中取离当前最近的一条对话 ChatRecord，并确认对话中的场景信息（SceneInfo）是否为空，若不为空，就看其场景的状态是否处于运行中的状态，若不为空且状态为运行中，说明用户当前的问句依然在此场景中，无须触发某个场景，直接进入场景交互流程部分执行即可。

2. FAQ 触发

当用户咨询的问题匹配到对应的标准 FAQ 库里面的问答对，不论匹配的方法是通过相似度模型还是分类模型又或者别的方法，而这个 FAQ 正好是触发某个预设场景的条件，那么这种触发方式就叫作 FAQ 触发。例如，用户咨询"请问如何开通信用卡？"正好匹配到 FAQ 知识库里面的编号为 5002 的"怎样开通信用卡"的 FAQ 问题，且正好有一个预设场景为"开通信用卡流程"的场景，场景 ID 为 1002，其触发条件就是 FAQ_ID 等于 5002。那么"开通信用卡流程"就被触发，用户进入该场景，执行 1002001 的场景交互流程。如图 5-4 所示是一个 FAQ 触发场景的例子。

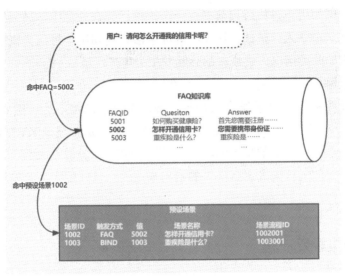

图 5-4　FAQ 场景触发模式

3. 关键字匹配触发

顾名思义，关键字匹配触发就是用户的问句中带有某些关键字，这些关键字是触发某些预设场景的条件。比如，用户提问"我想咨询一下成都市疫情防控政策"，假设某预设场景的条件是关键字"疫情防控政策"和"成都"，当两者都满足时，就触发成都市疫情防控政策的场景。该触发方式可以借助 EL 表达式或者正则表达式等工具来完成。

4. 意图触发

某预设场景的准入条件是，当 NLU 环节识别出来的意图是"注销"，那么就进入注销的场景流程。

5. 答案绑定场景 ID 触发

当一个问题的答案，不管是 FAQ 中的答案还是"逻辑规则匹配树"或者"知识图谱"中的答案，只要在答案中显示指定了场景 ID，则说明这个答案需要由一个场景来辅助处理，这个过程就叫作答案绑定场景 ID 触发。典型的情况就是，很多时候不仅要回答用户的问题，还需要启动一个任务型场景交互流程来解决用户的问题。比如用户咨询如何购买车险，机器人不仅需要告诉用户购买车险的文字答案，还需要引导用户一步一步操作去实际购买车险，这个时候答案中就内嵌了一个购买车险的场景流程来辅助用户完成这个任务。

6. 进线触发

很多情况下，基于用户的一些具体情况，当其刚进线就可以触发用户进入某个场景，例如用户进线咨询前提过一个工单已经在处理中，又例如用户到了白条还款日从白条入口进线，比如春晚红包活动期间用户进线大概率是咨询红包事宜，诸如此类情况，进线就都会触发相关场景。

7. 模板触发

通过配置的模板来触发进入场景。如"[LOC][TIME] 天气 [KW_HOW]"，其中 [LOC] 表示地点，[TIME] 表示时间，天气是固定表述，[KW_HOW] 表示"如何""怎么样"这类的特征词。这个模板可以匹配类似"成都今天天气怎么样""北京 3 月 21 日天气怎么样"的结构描述。一旦匹配上某个模板，就触发某个预设场景。

5.2.2 场景触发流程

商业运营中，对话机器人正式上线对客之前，会提前为该机器人配置好场景以及对应场景的触发方式以及该触发方式下的触发条件。一般来讲，一个场景就一种触发方式，当然一个场景也是支持多种方式触发的。如图 5-5 所示是一个典型的场景触发的流程示意图。

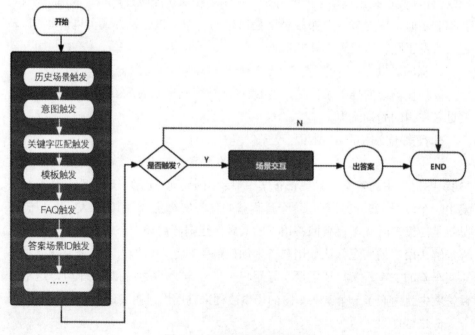

图 5-5　场景触发的执行流程

5.3　交互流程组件

交互流程组件是场景交互的核心，用于人和机器之间完成单轮或多轮交互的重要载体和套件。交互流程组件由交互流程（包含交互流程的节点和边）、交互流程实例（包含交互流程实例的节点实例和边实例）共同构成，接下来为读者详细介绍交互流程组件的原理。

5.3.1　交互流程

交互流程由**节点**和**边**共同构成，起始于开始节点，通过节点与节点之间的边相连，形成一个**有向无环图**，如图 5-6 所示。

这么看可能有点抽象，一起来看一个实际应用中的交互流程，如图 5-7 所示为"订机票"场景下的一个交互流程，由 9 个节点和 9 条边组成。

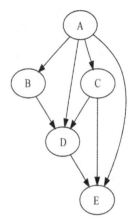

图 5-6　交互流程组件的数据结构

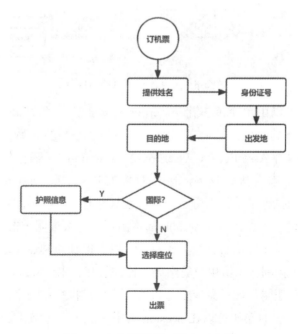

图 5-7　订机票场景下的交互流程

5.3.2 交互流程的节点

1. 节点的基本构成

图 5-6 中的 A、B、C、D、E 都是交互流程中的节点（Node）。节点由节点 ID（Node_ID）和节点行为（Action）共同构成。而节点行为又由节点判断（Assertion）、节点结果（Result）、节点会话（Session）共同构成。

节点判断是指当流程流转到当前节点时，对该节点的准入门槛的判定。若满足 assertion 条件，则可以进入该节点，并执行该节点行为的 Result 和 Session；若不满足，则不允许进入该节点，参考图 5-8。

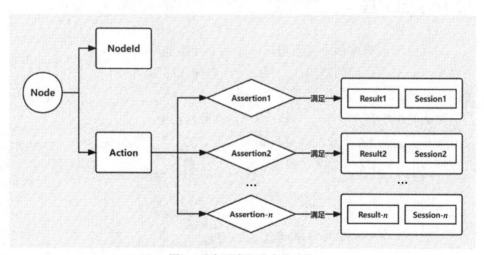

图 5-8　交互流程节点的结构

一个节点可以由单个或多个 Assertion 构成，当一个 Node 的 Action 中存在多个 Assertion 的时候，它们之间的关系不是"与"的关系，而是"或"的关系，即顺序执行 Assertion-1、Assertion-2、Assertion-3，当任何一个 Assertion 的条件被满足，都会执行该 Assertion 对应的 Result 和 Session，其余后面的 Assertion 就不用执行了，因为对于一个问题只会有一个明确的答案，不存在多个 Result 的情况。若所有的 Assertion 都不满足，那么说明该节点不能被进入，一般可以反问用户或者跳出整个交互流程。以上提到的 Result 块表示结果处理模块，主要用于控制输出给用户的结果，比如答复话术。Session 块一般处理场景中的内部业务逻辑，如场景变量值赋值。比如，执行完一个接口后拿到返回值赋值给场景变量的操作可以在 Session 块中完成。一个节点的执行过程伪代码大致如下。

```
//could I enter node B?
For(Assertion assert: List<Assertion>  node_B_asserts){
     if(assert == ture){
          do things of assert.result;
          do things of assert.session;
          break;
     }
}
```

2. 节点的数据结构

如图 5-9 所示是交互流程节点的结构，接下来会针对结构中的每一个属性进行详细阐述。

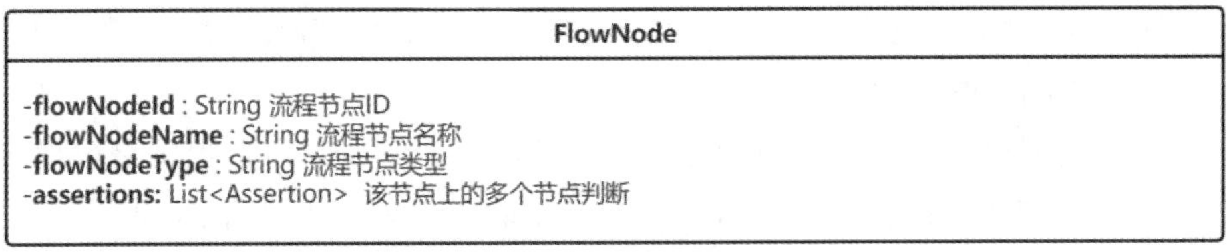

图 5-9　交互流程节点的数据结构

- FlowNodeId 和 flowNodeName 分别是该流程节点的唯一标识和节点名称。
- FlowNodeType 是指节点的类型，后面小节会详细讲解。
- Assertions 是指该节点的节点判断簇，一般由单个或者多个 Assertion 构成，是用于判断能否准入该节点的前提。在实际执行过程中通常一个节点的 Assertion 列表只会有其中一个 Assertion 满足条件，任何一个 Assertion 满足便可获得进入该节点的许可，进而获得该 Assertion 对应的 Result 和 Session。如图 5-10 所示为 Assertion 的数据结构。

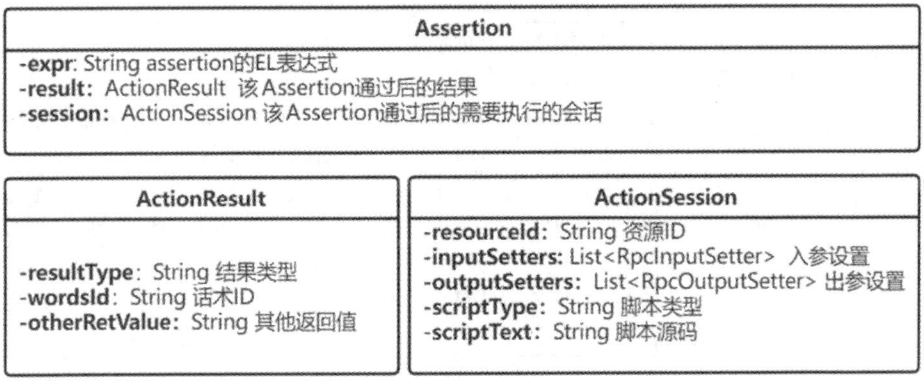

图 5-10　Assertion 的数据结构

Assertion 本身是一个 EL 表达式，若该表达式通过，就可以获得该节点的结果 ActionResult 和行为 ActionSession。

ActionResult 中主要包含该节点执行的结果类型、该节点话术和其他返回值。结果类型是指该节点执行后的结果类型，后面的"节点执行结果类型"小节对这个概念做了详细的阐述。各个节点除了自身类型决定的一些功能外，通常还带有一些话术，这些话术就预设存储于节点话术中。这里其他返回值用于存放一些其他的结果信息，比如对于结果类型为 BACK 的情况，通常会有一个指定返回的节点 ID，这个 otherRetValue 里面就是这个指定的节点 ID。

ActionSession 里面主要是该节点的某个 Assertion 通过后需要做的一些行为数据，比如对于资源类型节点来说，后续行为就是调用某个接口或者执行某段脚本。

3. 节点的类型

节点类型用于表示该节点的业务性质或模式，开发者可以根据自己设计的对话系统的实际需要来进行自定义，下面笔者列举一些常用的通用节点类型：开始节点（BEGIN）、话术节点（WORDS）、槽节点（SLOT）、交互节点（INTERACT）、资源节点（RESOURCE）、脚本节点（SCRIPT）、人工节点（MAN）。如表 5-1 所示是对这几种通用的节点类型的阐述。

表 5-1　几种通用的节点类型介绍

节点类型	描述
开始节点	该类型标志着该节点为整个交互流程的起始点，流程的流转从该节点启动
话术节点	该类型节点只用于存储给客户返回的话术，没有其他功能
槽节点	该类型节点并非用于为场景的槽位进行填槽，填槽的动作实际上是在场景检测确定了要进入场景后就进行了，并非要流转到槽节点才开始填槽，槽节点的任务是验证槽位是否已经成功填充或者填充的槽位是否合法，如果验证通过，该节点可以直接通过，否则可能还需要返回去进行槽填充
交互节点	该类型节点用于和需要用户交互的情况，比如在客户端弹出一个按钮，让客户进行选择，又或者让用户做一个密码核实验证等类似的操作
资源节点	该类型节点用于需要一些第三方数据或者结果，而这些结果可能需要第三方的远程接口、本地函数调用才能取到，此时采用资源节点来处理
脚本节点	该类型节点用于一些后期的复杂逻辑，用简单的表达式或者单一的接口可能无法进行处理，需要一段脚本或者程序写的逻辑嵌入才能解决，此时可采用脚本节点完成； 脚本的类型多种多样，比如常见的 Python、Java 或者别的脚本语言均可
人工节点	该类型节点代表某些操作需要人工介入，此时可使用人工节点完成

对于不同类型的节点除了继承 FlowNode 的属性外，还会有一些和节点类型相关的自身的属性。如图 5-11 所示为不同类型的节点除了节点本身的属性外还有一些自己特有的属性。

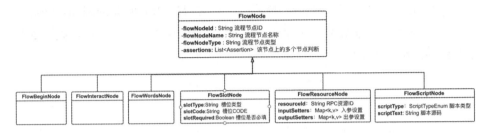

图 5-11　不同类型节点的数据结构

4. 节点执行结果类型

当每个节点执行完后，其输出物中必须包含执行结果，执行结果包含以下几种类型：通过（PASS）、停留（STAY）、返回指定节点（BACK）、重试超限（OVER_RETRY）、执行异常（EXCEPTION）。执行结果决定了当前节点执行完毕后，下一步将采取什么行动，如表 5-2 所示。

表 5-2　节点的执行结果

执行结果	结果描述
通过（PASS）	该结果表示该节点成功执行完毕并通过，接下来流程可以开始推进到其后继边的执行
停留（STAY）	继续停留在当前节点，流程暂时不往前推进（如交互节点中，输入参数类型不匹配）
返回（BACK）	当前节点执行完毕，但下一步需要返回到指定节点（如用户点击"返回上一层"的按钮）
重试超限（OVER_RETRY）	对该节点的重试超过了预设的次数，返回该结果，通常用于用户答非所问，机器人会反复确认预设次数，如果超过会有后续的执行策略，比如退出该流程或场景
执行异常（EXCEPTION）	执行过程中发生了错误，返回该结果

5.3.3　交互流程的边

1. 边的基本构成

边（Edge）是连接节点与节点的，边由边 ID（edge_id）和边属性（edge_

property）构成。边属性由单个 Assertion 构成。这里和节点不同，对于节点来说可能存在多个 Assertion，多个 Assertion 之间是"或"关系，对于每个 Assertion 判断条件的差异节点都有自己的 Result 和 Session。和节点的基本构成的区别在于，边只有 Assertion 判断，没有对应的 Result 和 Session。即边只有通过和不通过，本身并不带结果，若通过就继续执行后继节点。如图 5-12 所示是边的结构示意图。

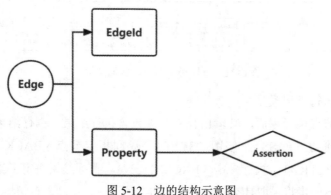

图 5-12　边的结构示意图

2. 边的数据结构

如图 5-13 所示，边的数据结构相对于节点来说就很简单了，边 ID、起始节点 ID、终止节点 ID、边 Assertion 共同构成了边的数据结构。从结构上可以看出，边本身并不带结果，只有判断 Assertion，若通过就继续执行后继节点。Assertion 实际上是一个以字符串形式存在的 EL 表达式。

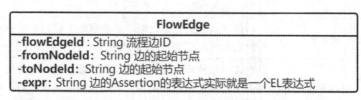

图 5-13　边的数据结构

5.3.4　交互流程的图表达

1. 关于邻接表

交互流程是一个有向无环图，所以大家先来看看如何表达一个图。邻接矩阵和邻接表是用于存储图结构的常用方法。这里笔者主要介绍用邻接表（adjacency list）来表达有向图。这是一种数组与链表相结合的存储方法。

邻接表存储图的实现方式是：给图中的各个节点独自建立一个链表，用链表存储该节点所有的邻接点。

（1）图中所有顶点（节点）用一个一维数组存储。

（2）图中每个顶点（节点）的所有邻接点构成一个线性表，由于邻接点的个数不确定，所以用单链表存储。

简单地说，可以认为邻接表是一个数组，每个数组后面接一个单链表，单链表表示图中一个节点指向的所有节点的编号。这个编号是节点数组的下标。一起来看一个例子，如图 5-14 所示是一个无向图的邻接表存储结构。首先构建一个一维数组用于存储所有的节点 V0、V1、V2、V3。然后，与 V0 邻接的节点有 V1、V2、V3，故形成一个线性链表 V0-1-2-3，其中 1、2、3 是 V1、V2、V3 节点的数组下标。同理，与节点 V1 邻接的节点是 V0 和 V2，故形成一个链表 V1-0-2。节点 V2 和 V3 以此类推，构成整个图。

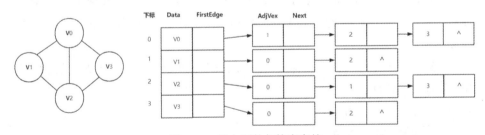

图 5-14　无向图的邻接表存储

对于有向图来说，在其邻接节点中只存储出度边的邻接节点即可。如图 5-15 所示，虽然与 V0 邻接的节点有 V1、V2、V3，但是出度边的邻接节点实际上只有 V3，故链表为 V0-3。

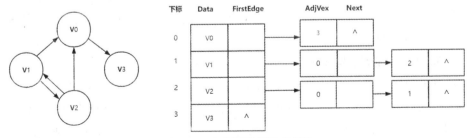

图 5-15　有向图的邻接表存储

2. 用邻接表表达交互流程

有了以上邻接表表示图的方法后，一起来看看图 5-6 中的交互流程组件应该如何用邻接表表达，此时读者心里应该已经了然了吧。如图 5-16 所示，是示例中交互流程组件的邻接表达。

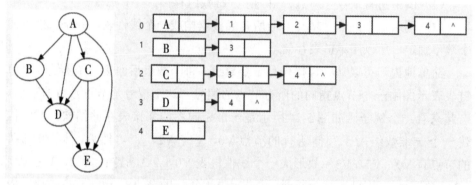

图 5-16   交互流程示例的邻接表存储

若开发者用 Java 等面向对象编程语言来开发，则有很多现成的工具可以用，用一个 MAP 结构就可以轻易地存储一个图，例如：Map<node，List<node>>。

回到讨论的交互流程组件来，交互流程组件实际上是一个更为简单的有向图，具有以下特性。

（1）只从一个顶点出发。

（2）图不会形成闭环。

（3）除了节点上包含信息，边上也包含信息。

在实际商业使用过程中，基于以上特点，笔者用以下数据结构来存储一个交互流程组件，如图 5-17 所示，即把节点和边分开存储，且只存储 ID 而不是整个节点或者边的数据内容，这样做一方面是为了扁平化存储数据避免更多的对象嵌套，方便序列化。另一方面，更简洁地去表达一个交互流程图，总体来讲是一个改良的邻接表的图表达式。

3. 交互流程的数据结构

如图 5-18 所示呈现的交互流程的数据结构，由交互流程 ID、交互流程名称、流程头节点、边维度的节点 MAP、节点维度的边 MAP 共同构成。想必至此读者应该对交互流程的构成已经有了相对比较清晰的认识了。

```
class FlowEntity{
   // 流程 ID
   String flowId;
// 流程名称
   String flowName;
// 流程头节点 ID
String headNodeId;
// 边指向的节点 ID 的集合。key：边 ID,value：边指向的后继节点 ID
   Map<String, String>edge2NodeMap;
// 节点后继的边集合的集合。key：节点 ID,value：后继边 ID 集合
   Map<String, List<String>>node2EdgesMap;
}
```

图 5-17 表达一个交互流程伪代码片段

FlowEntity
-flowId : String 流程ID
-flowName : String
-headNodeId : String 流程头节点ID
-edge2NodeMap : Map<String, String> 边指向的节点ID的集合。key：边ID，value：边指向的后继节点ID
-node2EdgesMap : Map<String, List<String>> 节点后继的边集合的集合。key：节点ID，value：后继边ID集合

图 5-18 交互流程的数据结构

4. 交互流程实际使用一例

为了方便读者理解，一起带大家看一个实际生活中的场景，这里以"能否取消我的信用卡分期支付"场景下的一个交互流程来举例，左侧展示了各种节点类型，右侧即为能否取消信用卡分期支付的交互流程，如图 5-19 所示。

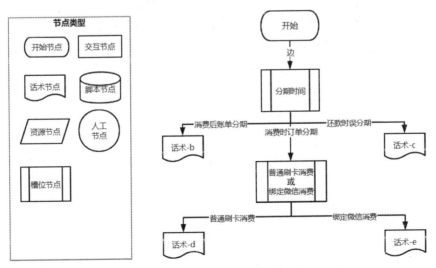

图 5-19 能否取消信用卡分期支付场景下的交互流程

- **开始**：这是开始类型的节点，一般是作为整个交互流程的头节点。对应着 FlowEntity 中的 headNode；其数据结构对应的值如图 5-20 所示，expr 为 true 可以理解为 assertion 默认通过。

flow_node_id	node001
flow_node_name	开始
flow_node_type	BEGIN
assertion	{"assertions":[{"expr":"true","result":{"resultType":"PASS","wordsId":null,"otherRetValue":null},"session":null}]}

图 5-20　开始节点数据

- **边**：这是一条 Edge，上面没有添加任何 Assertion，代表默认就是直接通过。

- **分期时间**：这是一个槽位类型的节点，当流程流转到槽位节点时，槽位节点会判断该槽位需要的被填充的值是否已经被填充。比如用户在第一次询问时，在 NLU 环节识别出来的信息进入场景时是不是已经被填槽了（注意：NLU 环节识别是在进入场景之前就已经完成的）。如果填槽了这个节点，则会直接通过；如果没有填，则会反问用户让用户回答该值。和交互节点的区别就在于当流程流转到交互节点上时，交互类型的节点会强制反问用户交互节点上的问题，并等待用户回答。而对于槽位节点，如果已经填槽完成，并不需要强制显式地再去反问用户，直接通过该节点即可。如图 5-21 所示，是分期时间这个槽位节点的配置，假如该槽位在进入场景时没有被填槽，那么就会推送给用户以下话术的问题："请问您是什么时候分期的，下单前、出账后，还是还款的时候呀？"当用户回答后，便提取有效信息进行填槽。实际上这里你可以根据场景的实际情况决定使用交互类型节点还是使用槽位类型节点，都能达到相同的效果。

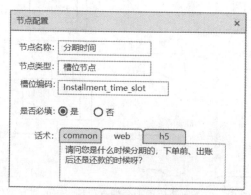

图 5-21　分期时间的槽位节点

如图 5-22 所示，为"分期时间"槽位节点数据结构对应的值。

flow_node_id	node002
flow_node_name	分期时间
flow_node_type	SLOT
assertion	{"assertions":[{"expr":"true","result":{"resultType":"PASS","wordsId":"117167746745562432085","otherRetValue":null},"session":{"slotCode":"#root.sceneIntentVar.SLOT_INSTMENT_TIME","slotRequired":true}}]}

注*：wordsId:"117167746745562432085"对应话术为：请问您是什么时候分期的呢，下单、出账后，还是还款的时候呀？

图 5-22　分期时间槽位节点值

消费后账单分期：这是一条边 Edge，是在"分期时间"节点的三条出度，也就是说"分期时间"Node 是一个分叉点，后面三条边分别通向了三个可选的子意图值。一起来看看"消费后账单分期"这条边的情况。如图 5-23 所示，该条边上只有一个 Assertion 判断：子意图"分期时间"的值是否等于"消费后账单分期"，如果其值等于"消费后账单分期"这个字符串，那么该条边可以通过，否则不予通过。

图 5-23　"消费后账单分期"边配置

如图 5-24 所示，为"消费后账单分期"边数据结构对应的值。

flow_node_id	edge002
flow_node_name	消费后账单分期
from_node_id	node002
to_node_id	node003
expr	((#root.sceneIntentVar.SLOT_INSTMENT_TIME eq '消费后账单分期'))

图 5-24　"消费后账单分期"边的值

话术 -b：这是一个话术类型的节点，是"消费后账单分期"边连接的节点，当"消费后账单分期"的边上的 Assertion 判断通过之后，就会执行"话术 -b"这个节点，如图 5-25 所示。

如图 5-26 所示，为"话术 -b"节点数据结构对应的值。

"消费时订单分期"和"还款时误分期"这两条边类似，这里就不一一阐述。但如果用户的回答是匹配到"消费时订单分期"，那么又会来到一个槽位节点，看用户是刷卡消费还是绑定微信消费，直到流程走到末端的"话术 -e"和"话术 -d"。该交互流程上的其他节点或边都类似，这里就不再一一进行表述。

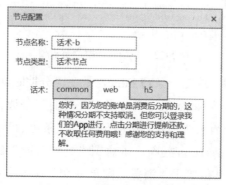

图 5-25 "话术 -b"节点配置

flow_node_id	node003
flow_node_name	话术 -b
flow_node_type	WORDS
assertion	{"assertions":[{"expr":"true","result":{"resultType":"PASS","wordsId":117167746745561532076,"otherRetValue":null},"session":null}]}

注*：117167746745561532076对应话术为：\<p>您好，您的账单是消费后分期的…\</p>

图 5-26 "话术 -b"节点对应的值

整个流程在用户侧的视角来看是这样流转的，当用户问一句："能否帮我取消信用卡分期支付？"满足条件触发了"是否取消信用卡分期"的场景，便进入该场景的交互流程中。

"开始"节点和"边"没有任何 Assertion，直接通过，然后会遇到"分期时间"的槽位节点，如果槽位已经填好了，直接通过该节点然后走填好的槽对应的路径执行。什么情况下是已经填好槽位的呢？比如用户在进入场景之前咨询的是"帮我取消我在消费后账单分期的一笔信用卡分期支付可以吗"，也就是说在触发场景的问题上，用户的问句中就包含了分期时间这个槽位信息的内容，并在 NLU 环节就被提取出来了，这个槽位在进入场景就立马被填槽了，流程流转到这个"分期时间"槽位节点的时候发现已经有值了，直接就走"消费后账单分期"这条后继边，并执行"话术 -b"节点的话术，整个流程就走完了。

大多数情况下，用户很少直接一句话把想表达的都一次性讲出来，所以一般来说走到槽位节点，发现槽位没有值，槽位会和用户发起反问"请问您是消费时分期还是消费后分期或者误分期呢"，根据用户回答的不同，再决定走哪

条后继边，进而根据边的不同，流转执行哪条具体边后面的话术节点 B、C、D、
E。如图 5-27 所示为交互流程使用该场景的用户侧快照。

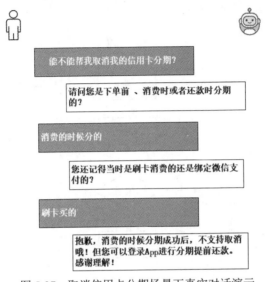

图 5-27　取消信用卡分期场景下真实对话演示

5.4　场景交互

5.4.1　交互流程与交互流程实例

交互流程是通过交互流程组件事先定义和配置好的一个流程。如图 5-28
所示，是一个订飞机票的交互流程。

交互流程实例是指当用户进入交互流程时，由交互流程和用户具体数据
共同形成的一个交互流程实例，针对不同用户在流程中流转的方式和数据的不
同，各个实例均是不一样的。比如，张三订飞机票是从上海飞往成都，而李
四是从上海飞往洛杉矶。大家可以参考类和对象实例的区别。如图 5-29 所示，
是订飞机票的一个交互流程实例。

如图 5-30 所示，分别展示了交互流程和交互流程实例的数据结构，可以
对比下它们之间的区别在哪里。可以很清晰地看出，交互流程主要是侧重描述
流程的构成，交互流程实例是不同用户在对应时间点在交互流程上的**快照**。简

单地说，交互流程实例是不同用户不同时间在交互流程上的体现（交互流程实例 = 交互流程 + 用户 + 时间点）。

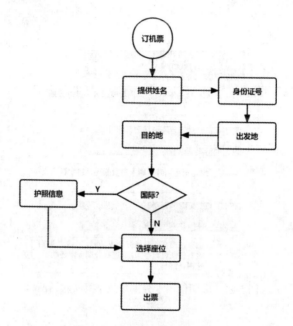

图 5-28　订飞机票交互流程

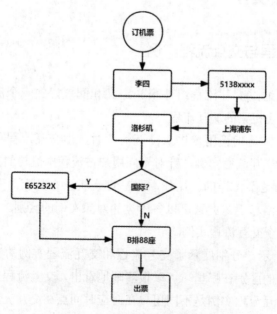

图 5-29　订飞机票交互流程实例

FlowEntity
-flowId : String　流程ID
-flowName : String
-headNodeId : String　流程头节点ID
-edge2NodeMap : Map<String, String> 边指向的节点ID的集合。key: 边ID, value: 边指向的后继节点ID
-node2EdgesMap : Map<String, List<String>> 节点后继的边集合的集合。key: 节点ID, value: 后继边ID集合

FlowInstanceEntity
-flowInstanceId : String 交互流程实例ID
-flowInstanceName : String 流程实例名
-flowId : String　流程ID
-flowName : String　流程名称
-flowInstanceStatus: String 流程实例状态
-beginTime : Date 流程开始时间
-endTime : Date 流程结束时间
-currentNodeInstance : NodeInstanceEntity 当前节点实例（当前流程推进到那个节点了）
-sessionId : String 所属会话ID
-nodeInstances : List<NodeInstanceEntity> 流程推进过程中经过的节点实例集合
-flowTraceIds : List<String>　流程执行过程中，经过的节点和边ID集合

图 5-30　交互流程和交互流程实例数据结构

　　基于以上区别，可以看出交互流程实例中包含了流程开始时间、结束时间、当前流转到的节点实例、所属会话 ID、流程推进过程中已经过的节点实例集合、流程推进过程中已经过的节点实例和边实例集合。综上所述，交互流程由于没有特定的用户，是一个更偏向预设配置的"无状态 BEAN"，而交互流程实例是一个保持存储用户数据和状态信息的"有状态 BEAN"。

　　交互流程是全局共享的，交互流程实例中每个用户都有自己特有的一份实例，在用户的生存期内，保持了用户的信息，即"有状态"；一旦用户灭亡（调用结束或实例结束），交互流程实例的生命期也告结束。

5.4.2　交互流程实例的状态

　　交互流程实例在执行过程中状态有以下三种类型。
- **流程进行中（RUNNING）。**
- **流程正常结束（END）。**
- **流程非正常终止（ABORTION）。**

流程进行中，表示流程正常执行中。

　　流程正常结束，表示流程流转到某节点已经是末端节点或者节点的后继边无任何一个条件满足时，会正常结束。

　　流程非正常终止，指流程在执行过程中因为某个节点异常或者重试超限等原因，无法往前推进，其整个流程实例的状态就会为 ABORTION 状态。

5.4.3 节点与节点实例

对于节点来说，也存在节点与节点实例的概念，对照"交互流程"和"交互流程实例"的关系，也是一致的含义。节点（Node）是反映预设配置的，而节点实例（NodeInstance）是用户在具体时间点在节点上的执行情况或结果的快照。前者是无状态的，后者是有状态的。在"交互流程实例"中的"当前节点实例""已经过的节点实例集合"等属性均是以节点实例形式存储的。图 5-31 所示为对比节点与节点实例的数据结构的差异。

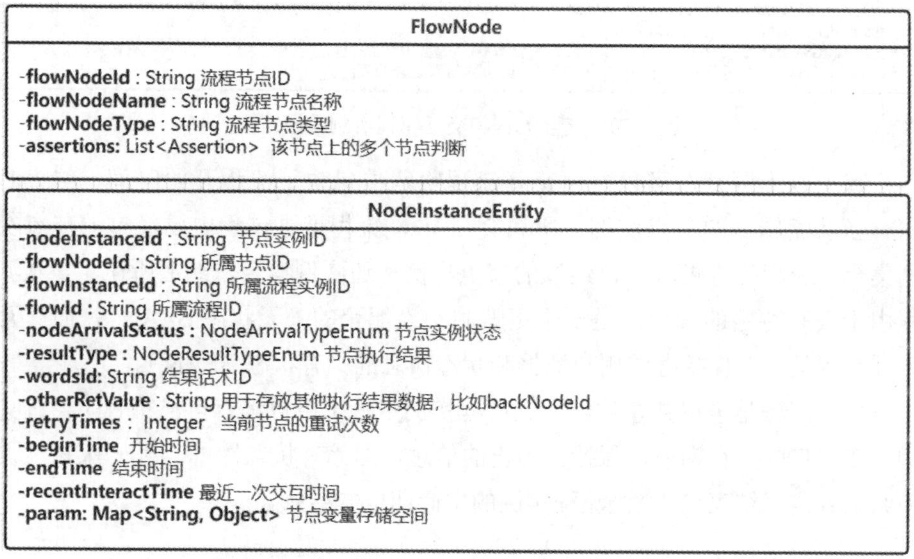

```
                          FlowNode
-flowNodeId : String 流程节点ID
-flowNodeName : String 流程节点名称
-flowNodeType : String 流程节点类型
-assertions: List<Assertion>  该节点上的多个节点判断
```

```
                      NodeInstanceEntity
-nodeInstanceId : String  节点实例ID
-flowNodeId : String 所属节点ID
-flowInstanceId : String 所属流程实例ID
-flowId : String 所属流程ID
-nodeArrivalStatus : NodeArrivalTypeEnum 节点实例状态
-resultType : NodeResultTypeEnum 节点执行结果
-wordsId: String 结果话术ID
-otherRetValue : String 用于存放其他执行结果数据，比如backNodeId
-retryTimes : Integer  当前节点的重试次数
-beginTime  开始时间
-endTime  结束时间
-recentInteractTime 最近一次交互时间
-param: Map<String, Object> 节点变量存储空间
```

图 5-31 节点与节点实例的数据结构对比

其实可以很清楚地看到最大的差异在于"节点"中的 Assertions 是一个预设的 Assertions 列表，也就是说节点上预设了多个 Assertion，每个 Assertion 对应了不同的 Result。

根据不同用户在该节点上执行的情况不同，在众多 Assertion 预设列表中只会通过其中一个 Assertion，同时会返回这个 Assertion 对应的 Result。而"节点实例"是反映不同用户具体执行的情况，故"节点实例"中只会包含预设配置的多个 Assertions 中的其中一个通过的 Assertion 对应的 Result。

如图 5-32 所示，是一个 NodeId=201 的节点，当用户进入这个节点且只满足 assertion-3 的条件，就只会返回 Result-3 的结果。在对应的"节点实例"中只会保存 Result-3 的结果相关的数据，如果发生重试节点实例，也会累计重试次数。某些情况下，重试次数有可能也会配置为一个节点的 Assertion 存在，比如有个槽位节点是需要用户输入身份证号，但用户总是输错，重试 1 次失败的话术和重试 3 次失败的话术是不一样的，所以可能就会为该节点配置两个 Assertion，对于不同的重试次数的判断，对应的不同 Result 中的话术就不同。

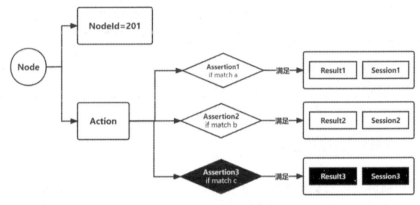

图 5-32　节点实例在节点上的执行情况

5.4.4　节点实例的状态

节点状态是指流程流转到当前节点时节点的状态，节点状态有以下几种类型：

首次到达该节点（FIRST）、重试到达该节点（RETRY）、在该节点等待（WAITTING）、该节点已完成（FINISHED）。 如表 5-3 所示，为各种状态的描述。

表 5-3　节点状态及其描述

节点状态	状态描述
首次到达该节点（FIRST）	指流程第一次流转到达该节点上，所有的节点第一次被流转到时均为该状态
重试到达该节点（RETRY）	指流程因为重试，第二次或者第 N 次重新流转到该节点上的状态为重试到达该节点。什么情况下会发生重试呢？例如，当机器人反问用户一个问题时，用户答非所问，并没有提供预期的答案时，此时机器人会反复询问用户该问题，此时就会执行重试，同时该节点状态也会被置为重试到达状态。一般来说重试是有退出策略的，如果重试三次还未给出预期的答案，整个流程就会退出

节点状态	状态描述
在该节点等待（WAITTING）	该状态是指流程在该节点暂停，等待下一次再执行。通常这种情况用在交互环节中，如果用户的一些输入不合法，则需要等待用户再次输入后再次执行该节点。又或者交互环节中有一些点选交互需要用户选择，当用户选择时该节点需要设置为 WAITTING 状态，待用户选择完毕后重新执行该节点内容的情形
该节点已完成（FINISHED）	该状态是指流程在该节点已经执行完毕。下次流转到该节点如果发现是 FINISHED 状态，不做任何操作，流程继续往后流转执行节点的后继边

5.4.5　场景交互的推进时序

在详细解读场景交互之前，读者需要从全局对场景交互整个推进流程有一个宏观认知，如图 5-33 所示是场景交互的调用时序图，把整个场景交互的推进过程划分为多个域（Domian），如果有的读者系统地学习过领域驱动设计（DDD），应该对域的概念并不陌生，当然如果没有看过 DDD 也没关系，并不会影响对以下内容的理解。

图 5-33　场景交互的时序图

场景聚合服务（getSceneTaskAnswer）是用于接收外部任务型对话请求服务的入口，用于把各个服务进行整合，形成统一的调用入口给外部使用。而整个场景交互的推进过程划分为场景域、流程交互域、节点域、资源域。

- 场景域（Scene Domain）：负责管理场景相关功能，包括场景检测、场景触发、场景信息要素识别、场景子意图识别、场景变量管理、业务词管理等。

- 交互流程域（Flow Domain）：负责流程推动，包括节点与边的流程控制。
- 节点域（Node Domain）：负责任务流程不同类型节点的业务逻辑。
- 资源域（Resource Domain）：主要负责外部节点调用的可配置化调用。

5.5　本章小结

本章节主要让读者认识任务型 DPL 引擎如何通过场景来实现用户的多轮交互诉求，从场景检测、场景触发和场景交互三个重要环节进行了阐述，后序章节会在此基础上更进一步微观地介绍场景的实现细节。

## 第6章

任务型DPL引擎：
场景流程推进详解

　　第5章对任务型 DPL 引擎进行了比较宏观而抽象的阐述，但读者读完可能很难从微观视角清晰地理解任务型 DPL通过场景在具体实现时，是如何推进整个流程的。本章主要围绕场景流程推进过程中的五个重要环节逐一讲解和分析。

　　场景流程推进过程中的五个重要环节包括场景聚合服务、场景域、交互流程域、节点域、资源域，如图 6-1 所示，当用户对机器人发起询问，并进入任务型 DPL 时，流程便从"场景聚合服务"开始发起，依次往后进行推进。

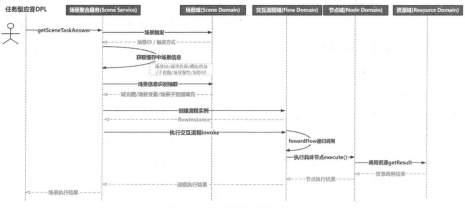

图 6-1　场景流程推进时序

- 场景聚合服务（Scene Service），顾名思义，作为场景推进的始发点，其职责可以简单地用四个字概括：集成、调度。因为场景的推进需要很多个步骤共同构成，而每一个步骤分别依赖场景域、交互流程域、节点域、资源域提供的不同服务，故场景聚合服务就负责集成这些来自不同领域的服务，并且按照应有的时序或逻辑进行调度，最后封装处理成最终结果并返回给终端用户。当用户发起咨询并来到任务型 DPL 引擎的时候，调用场景聚合服务中已集成好的服务接口 getSceneTaskAnswer 进行场景的推进。

- 场景域（Scene Domain），其职责是提供场景相关的服务，如场景信息维护、场景触发、场景变量管理、场景子意图管理、槽位管理、槽位填充等。

- 交互流程域（Flow Domain），其职责是提供交互流程相关的服务，如交互流程配置信息维护、交互流程实例管理、交互流程推进动作的执行等。

- 节点域（Node Domain），节点域算是场景推进的末端，其职责主要是提供不同类型节点的逻辑块管理和服务。这些不同类型的节点包括开始节点、话术节点、交互节点、资源节点、槽位节点、转人工节点、脚本节点等。

- 资源域（Resouce Domain），提供人机对话系统外部的一些第三方资源服务的管理。比如，在订机票的场景下，在交互流程中有一个资源节点类型，需要调用航班服务来获取机票库存情况，这个机票库存获取的接口资源是由资源域中统一管理的。

本章只对场景域、交互流程域、节点域这三个环节展开深入的讲解。剩下的场景聚合服务和资源域环节提供的基本服务是非常简单的，通过上面的文字介绍读者也能理解，故不再进行讲解。相信通过本章的学习，读者能从微观角度理解任务型 DPL 引擎是如何工作的，结合自身的业务需要，也能设计出一套符合自身需要的任务型 DPL 引擎。同时，在本章的最后会通过一个订票的具体场景给出对一套任务型 DPL 底层的持久化设计，让读者再从数据的角度对任务型 DPL 有一个具体的理解。下面就从场景域开始，带读者进入任务型 DPL 引擎的微观世界。

6.1　场景域处理

场景域处理是用于处理场景相关的服务，包括场景触发、获取场景信息、对话信息识别抽取三个步骤。

6.1.1　场景触发

在场景域环节，第一步是进行场景触发，场景触发操作的输出物为触发方式和场景 ID。场景触发标准操作流程有三步，如图 6-2 所示。

图 6-2　场景触发操作三步流程

1. Ongoing 场景信息抽取

Ongoing 是指正在进行的场景，这个过程实际上是在为用户已经处于某个场景中的情况做处理。抽取正在进行的场景，可以参考以下伪代码片段，首先，从 DST 中获取历史对话记录；然后，若历史对话记录不为空，就从历史对话记录中取出最近的一条对话记录 ChatRecord；最后，取出 ChatRecord 中的场景信息，若不为空，且场景中的交互流程状态为 RUNNING，那么就抽取出这个正在进行的场景。

```
SceneInfo getRecentOngoingSceneInfo() {
    List<ChatRecord> historyRecord = DST.getHistoryChatRecord();//获取历史
对话记录列表
    if (isNotEmpty(historyRecord)) {
        ChatRecord record =historyRecord.findFirst();//取出离当前最近的对话
        if(record!=null && RUNNING.equals(record.getSceneInfo().
getFlowStatus())) {
            return record.getSceneInfo();//若对话不为空且流程为正在运行状态,
则抽取该场景信息
        }
    }
    ...
```

这个过程实际上就是在为历史场景触发做铺垫，因为历史场景触发是所有场景触发方式中优先级最高的。图 6-3 所示的流程就描述了 Ongoing 场景信息抽取的过程，可以理解为在做"历史场景触发"的初步判断。

2. 确定具体场景触发方式

场景触发方式很多，5.2.1 节也列举了常用的几种触发方式：历史场景触发、FAQ 触发、关键字匹配触发、意图触发、进线触发、答案绑定场景 ID 触发、模板触发，它们之间是存在一定优先级策略的。通常来说，历史场景触发优先于其他所有触发方式。接下来带读者了解如何根据用户的对话来确立具体的场景触发方式。

1）历史场景触发

历史场景触发需要判断用户是否已经处于场景中，现在带领读者来了解历史场景触发的过程。如下伪代码片段实际上就是看是否抽取到 Ongoing 的历史场景，如果抽取到，则恢复该历史场景。恢复操作很简单，把 DST 中的场景信息用历史 Ongoing 场景信息填充即可。

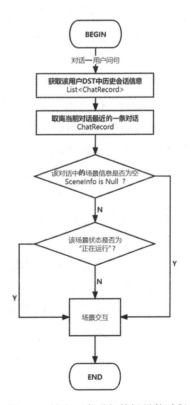

图 6-3　抽取正在进行的场景的过程

```
public class HistorySceneDetection implements SceneDetection {
/** 实现场景触发接口需实现 getSceneDetection 方法，该方法返回具体场景信息 */
    public SceneDetectionResult getSceneDetection(DSTContextDTO dst) {
        if(getRecentOngoingSceneInfo() !=null && !StringUtils.isEmpty(getRe
centOngoingSceneInfo().getSceneId())) {
// 若抽取到了 Ongoing 场景信息且场景 ID 不为空，则将 DST 当前对话的场景设置恢复为
Ongoing 场景信息
recoverHisScene(dst, getRecentOngoingSceneInfo());
        // 返回具体的场景 ID 和触发方式
         return SceneDetectionResult.builder().triggerMode(SceneTrigger
ModeEnum.HISTORY)
.robotSceneId(getRecentOngoingSceneInfo().getSceneId())
.build();
        }
        return null;
    }

    /** 设置恢复场景方法 */
    private void recoverHisScene(DSTContextDTO dst, SceneInfoDTO
hisSceneInfo) {
 dst.getCurrentChatRecord().setSceneInfo(hisSceneInfo);
    }
...
```

2）其他各类场景触发

除历史场景触发外，其他各类场景触发方式，如关键字匹配触发、FAQ 触发、意图触发、答案绑定触发、意图触发、进线触发等，在被运营人员事先配置好后，通常在系统中会被加载到缓存中以供使用。图 6-4 所展示的是某一时刻，配置的各类场景触发方式在缓存中的数据形态。它的结构是以机器人编码（即图 6-4 中 RobotCode 列）为维度组织的场景触发信息。这里提到的机器人编码是用于表示一个机器人服务的唯一编号标识，你可以理解为一个独立的机器人服务对应着一个机器人编码。打个比方，在某在线电商平台上，入驻了多家商户。其中一家商户以销售耐克鞋为主营业务，另外一家商户以销售坚果零食为主营业务。如果他们都提供机器人服务，是对应着不同的两个独立机器人服务的，一个是耐克鞋销售机器人，一个是坚果销售机器人，它们各自都有着自己唯一的机器人编码。

继续回到主题，以机器人编码组织的场景触发信息的数据结构是一个哈希表，具体来说是一个嵌套的哈希表映射。对于有编程经验的读者来说，应该很容易理解嵌套哈希表的含义，但对于一些无编程经验的读者来说，则不一定能理解。故这里还是有必要解释嵌套哈希表的含义。标准的哈希表结构形为：Map<key，value> 的键值对，key 代表键，value 代表该键对应的值。嵌套的意

思是指哈希表的值也是一个哈希表，形如 Map<key，Map<key，value>>。外层哈希表 Map 的 key 为机器人编码（robotCode），其值为该机器人编码下的所有可触发的场景。内层哈希表 Map 整体作为外层哈希表的值，而内层哈希表的key 就是可触发的场景 ID（即图表中的 scene_id，它是具体某个场景的唯一标识符），其值为被序列化的场景触发器信息。

机器人编码	场景	
	场景ID	触发器信息
NUTS_ROBOT	SC_001	{"robotCode":"NUTS_ROBOT", "sceneId":"SC_001", "triggerInfo":[{"trigger":"faq","faqId":"118"}]}
NIKE_ROBOT	SC_002	{"robotCode":"NIKE_ROBOT", "sceneId":"SC_002", "triggerInfo":[{"trigger":"faq","faqId":["555"]},{"trigger":"pattern","pattern":["购满三件有折扣吗？"]}]}
	SC_003	{"robotCode":"NIKE_ROBOT", "sceneId":"SC_003", "triggerInfo":[{"trigger":"faq","faqId":["856"]}]}
...	...	

图 6-4 场景触发配置在缓存中的快照

当客户从耐克鞋商户首页打开客户服务弹窗时，并对着机器人询问一句话时，对话系统会判断出客户需要的是耐克鞋销售机器人，根据耐克鞋销售机器人的 robotCode，在缓存中筛选出与该机器人相关的场景配置，并结合在 NLU 处理环节中对用户该句话的 NLU 信息，找到与用户该句话匹配的场景触发方式和场景 ID。

为了更直观地理解，来看图 6-4 的配置，假如用户向耐克鞋 robotCode 为 NIKE_ROBOT 的机器人咨询"购满三件有折扣吗？"首先，对话系统从场景配置中过滤出 robotCode="NIKE_ROBOT"的相关场景配置，有两个场景 ID：SC_002 和 SC_003，其中场景 SC_002 对应的触发信息如下：

```
{"robotCode": "NIKE_ROBOT","sceneId": "SC_002","triggerInfo": [{"trigger":
"faq","faqId": ["555"]},{"trigger": "pattern","pattern": ["购满三件有折扣
吗？"]}]}
```

其中，triggerInfo 代表的是该场景下支持的所有触发信息，trigger 代表具体某一种触发信息。整体表示的是，机器人 ID 为 NIKE_ROBOT、场景 ID 为 SC_002 的触发方式有两种：关键字匹配触发和 FAQ 触发，它们之中任意一种被满足都可以触发该场景。当匹配上"购满三件有折扣吗"的关键词或者 FAQID 识别为 555 时，都可以触发 ID 为 SC_002 这个场景。而场景 ID 为 SC_003 看上去只支持 FAQ 触发，只要 FAQID 识别为 856，即可触发 SC_003

这个场景。

3. 返回具体触发方式和场景 ID

这个环节为场景触发的输出物，即返回具体的触发方式和场景 ID。如上面的例子，当客户咨询的问题命中 FAQID= "555" 的 FAQ，那么会返回**场景 ID**= "SC_002" 和**触发方式** = "FAQ"。

6.1.2 获取场景信息

在场景触发完成后，便获取到了场景 ID。通过场景 ID，很容易就从数据库或者缓存中获取该场景 ID 的所有数据，这些数据包含很全面的场景信息。回忆一下场景的结构，如图 6-5 所示。

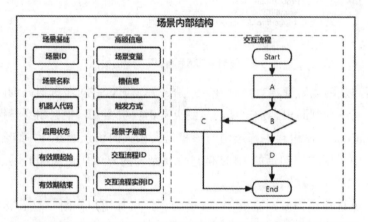

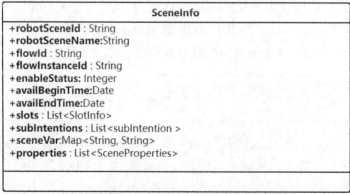

图 6-5 场景信息的数据结构

图 6-5 的上半部分是结合场景的结构图，下半部分是场景的类图，从图中

可以看到通过场景 ID 获取到的指定场景的场景信息，包括场景 ID、交互流程 ID、交互流程实例 ID、场景槽位信息、场景子意图、场景变量等，其中触发方式等信息是在 properties 场景属性中体现的。这些信息里最重要的莫过于槽位信息、场景子意图、场景变量，下面详细地介绍这几个要素。

1. 槽位信息

如图 6-6 所示为槽位信息（SlotInfo）的类图结构，包括槽 ID（SlotId）、场景 ID（ScenceId）、槽编码（SlotCode，即英文编码）、槽位名称（SlotName）、词典信息（dictionaryInfo）。

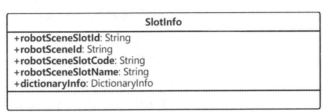

图 6-6　SlotInfo 槽位信息的结构

这里重点给读者讲述一下词典信息，首先需要明确什么是词典。简单来说，词典就是一种用于填充槽位的词语类型。这个概念听起来可能有点抽象，来看一个例子。假设一个购买手机的场景，其中一个槽位是手机品牌，需要在对话中进行填槽。这个槽位对应的词典是"手机品牌类型"，而对应的值可能有"Apple""HuaWei""Samsung"等，这些值统称为词典值。

图 6-7 展示了词典信息的结构，这里重点讲一下词典识别方式（dictionaryRecognizeWay）和词典值（dictionaryValue）。词典识别方式是指该词典通过什么方式来进行识别的，常见的词典识别方式有三类：枚举选择、算法模型、模式匹配。下面分别举例进行说明。

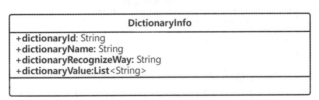

图 6-7　词典信息结构

- **枚举选择（Enum）**：若某个词典的词典值数量有限，可以进行有限穷举，这类词典识别方式就为枚举选择，例如上面"手机品牌"这个词典，其词典值是有限可穷举的。手机品牌这个词典的 dictionaryRecognizeWay 就为枚举选择，其对应的 dictionaryValue 就是一个 List，里面数据为"Apple""HuaWei""Samsung"等。

- **模式匹配（Pattern）**：若某个词典的词典值是通过表达式进行模式匹配的，如正则表达式或者 EL 表达式，例如，词典为"日期"，而其词典值是通过正则表达式进行识别的，此时 dictionaryRecognizeWay 为模式匹配，dictionaryValue 为 ^\d{4}（\-|\/|\.）\d{2}\1\d{2}$（该值是一个正则表达式，其含义是年月日的日期格式，其中四位数字开头，中间二位数字，末尾二位数字，它们之间可以用横杠、点、左斜杠分隔均可被识别。例如 2023.08.12 或 2023-08-12 均可以被识别为日期）。此时 dictionaryValue 的 List 里就只有一个元素，就是该正则表达式。

- **算法模型（Model）**：若某个词典的词典值是通过算法模型来识别的，比如实体识别模型、分类模型等，例如，词典为"人名"，其词典值是通过一个实体识别模型来进行识别的，此时 dictionaryRecognizeWay 为算法模型，dictionaryValue 的值为该模型的唯一编码 ID。此时 dictionaryValue 的 List 里可能只有一个元素，就是该模型的 ID。

为了进一步加深理解，一起来看一个槽位信息的例子。在订机票这个场景下，有 5 个槽位，分别为姓名、身份证号、出发地、目的地、起飞时间。这里就看"身份证号"和"目的地"这两个槽位信息的实例，如图 6-8 和图 6-9 所示。

需要注意的是，以上 SlotInfo 信息都是场景中槽位的预设配置信息，而在槽填充时，该槽位具体应该填什么值，那就是客户在对话过程中通过信息识别和抽取出有效信息后，再进行槽位填充的过程了。

图 6-8　身份证号槽位实例

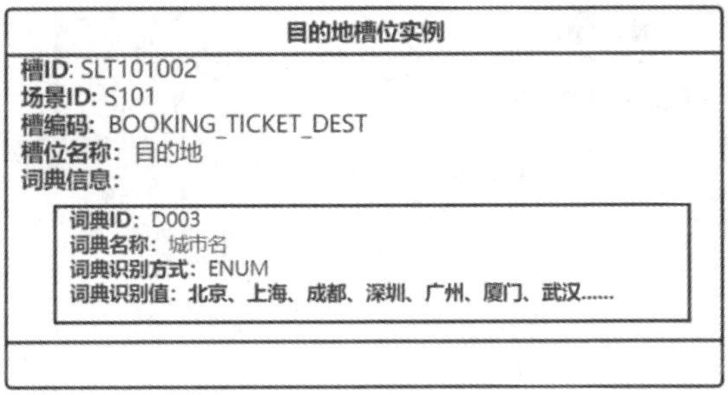

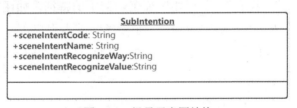

图 6-9　目的地槽位实例

2. 场景子意图

对于场景子意图的概念，第 5 章已经讲解过，这里再回顾一下。当用户进入场景后，在场景中交互流程流转过程中可能会产生一个或多个新的在该场景下的意图，称为场景子意图，简称子意图。

场景子意图的结构如图 6-10 所示，由子意图编码（sceneIntentCode）、子意图名（sceneIntentName）、子意图识别方式（sceneIntentRecognizeWay）、子意图识别值（sceneIntentRecognizeValue）构成。

图 6-10　场景子意图结构

这里重点阐述子意图识别方式和子意图识别值。先来讲解一下子意图识别方式。和词典的识别方式非常类似，子意图的识别方式通常有两种：基于对话模板的识别和基于模型的识别。

1）基于对话模板识别子意图

在讲解基于对话模板的识别之前，先明确对话模板的定义。对话模板是将一个对话的结构规律予以标准化的形式，用于识别场景子意图。一个对话模板通常由一个或多个模板片段组成，如 "[LOC][TIME] 天气 [KW_HOW]"，其中 [LOC] 表示地点模板片段，[TIME] 表示时间模板片段，天气是固定常量，[KW_HOW] 表示 "如何""怎么样" 这类的场景特征词的模板片段。这个模板可以匹配类似 "成都今天天气怎么样""北京 3 月 21 日天气怎么样" 结构的咨询。模板片段通常可以由槽位、特征词、常量、表达式中任何一种或多种构成。如图 6-11 所示是天气咨询的一个对话模板样例。

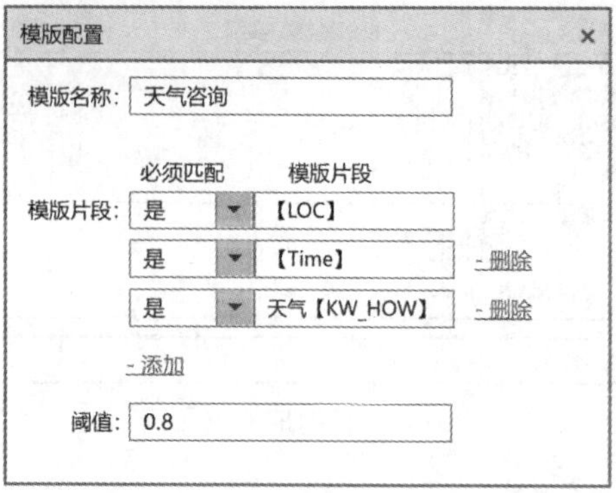

图 6-11　天气咨询对话模板样例

上面描述中出现了特征词（KEY_WORD）的概念，特征词是什么意思呢？特征词是具有一类特征的词语，如我想要、我打算、我计划、我准备，这几个词都表示计划、打算。特征词是为了定义对话模板而使用的，可以让对话模板的匹配更加精确、更加标准化。简单地讲，特征词是若干种"相似问法"的"标准问法"。例如，特征词"{KW_WANT}***"，其中 {KW_WANT} 可以表示"请帮我""我要""我想要"等表示请求的特征。如图 6-12 所示是表达"怎么样"的特征词"KW_HOW"，也就意味着当用户咨询"如何""怎么做""怎么弄""如何处理"等词汇的时候，都归一到标准的表达"怎么样"这个意思上。

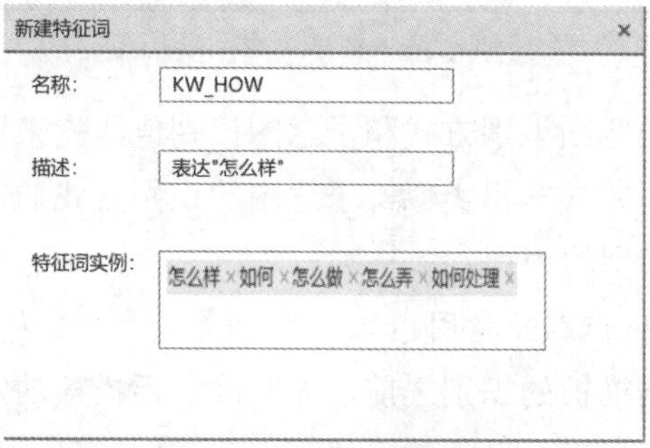

图 6-12　特征词例子

2）基于模型识别子意图

顾名思义，基于模型的识别是基于算法训练出的模型来识别子意图，通常这类模型为分类模型。如图 6-13 所示，子意图名称为"区分不同支付方式"，是通过模型来进行识别的，"选择模型/模板"为"模型 17- 识别支付方式"，通过该分类模型可以判定出当前用户的子意图是四个子意图值，即"借记卡""信用卡""白条""小金库"中的一个。

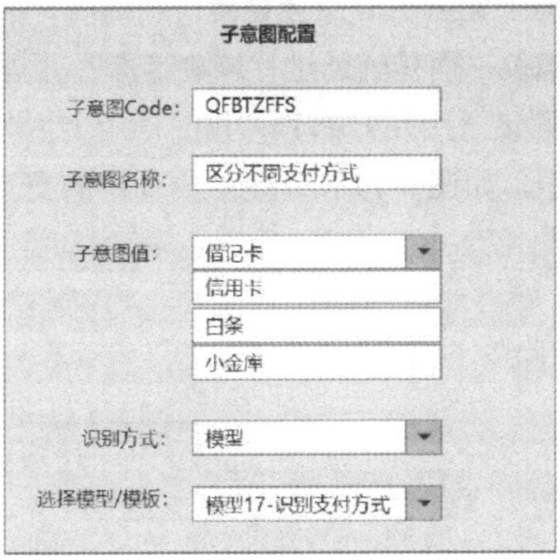

图 6-13　通过模型识别子意图

　　以上对场景子意图的两种识别方式进行了简单介绍，那么"子意图识别值"又是什么呢？这个和槽位的字典信息是类似的，子意图识别值里面存放的内容由"子意图识别方式"确定。如果子意图识别方式为对话模板，那么子意图识别值中就是"对话模板的 ID"；如果子意图识别方式为模型，那么子意图识别值中就是"模型 ID"。综上所述，子意图识别值并非存储识别出来的具体子意图的值，而是存储识别方式对应的工具或手段的唯一标识 ID。

　　总的来说，场景子意图存在的意义就是在交互流程流转过程中出现分叉点时（这个分叉点通常是一个交互节点或是一个槽位节点），便和用户进行交互获取用户的回答，并将用户回答的千奇百怪的语言的语义进行标准归一化，方便判断下一步推进应该进入哪个分支。通过模板方式或者模型方式，就能很好地将用户的回答进行标准归一化。

3. 场景变量

　　场景变量用于存储该场景下所需要的数据，比如通过识别抽取出来的场景槽位需要填的具体值，识别出来的场景子意图具体值都需要存储到场景变量中以供场景后续处理使用。场景变量的作用域只在场景变量所定义的该场景下。

　　场景变量的存储数据结构采用"键值对"的形式，最典型的就是使用一个Map 结构。场景变量中存储的数据不局限于槽值和子意图值，在整个场景处理的生命周期中可能会用到的数据都可以存入场景变量，比如对于资源节点来说，调用接口的返回值，通常会定义一个或多个场景变量，资源调用的结果赋值给这些变量，以便在后面场景的交互流程中使用，例如在资源调用节点执行完成后的边上的条件判断或者文本话术输出中可能会使用到。比如，在一个信用卡申请的场景中，场景变量中可能会存储一些该用户的征信等信息，而这些信息并非是所必需的槽位，而是辅助进行风险定价的一些基础数据。

来看一个例子，假设一个用户咨询"我的信用卡为何不可用"，进入"信用卡无法使用"场景中，如图 6-14 所示为这个场景的交互流程的局部情况。

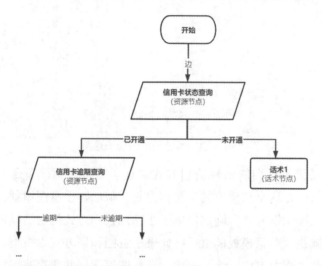

图 6-14 "信用卡无法使用"场景的交互流程局部一览

节点开始推进后，来到"信用卡状态查询"资源节点执行，执行完毕后接口返回该用户的信用卡状态，这时需要赋值给一个场景变量存储。如图 6-15 所示为在"信用卡无法使用"这个场景下的所有场景变量定义，其中accountStatus 用于存储该用户的信用卡账户查询状态。

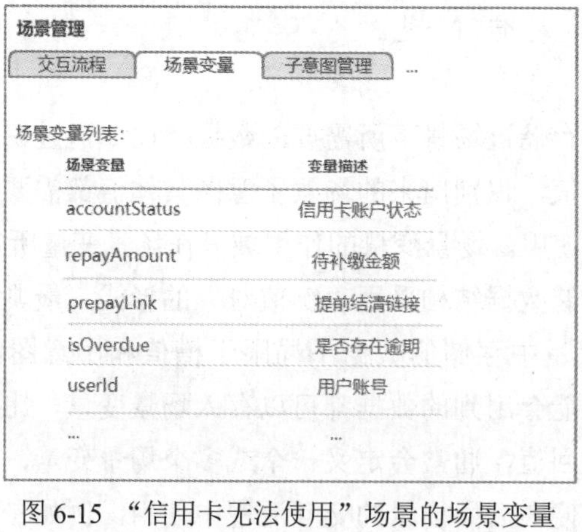

图 6-15 "信用卡无法使用"场景的场景变量

如图 6-16 所示为"信用卡状态查询"资源节点的配置，可以看出，在入参设置配置中，将场景变量中的"用户账号 userId"赋值给资源节点 API 的入参"accountId"。在资源节点的出参设置中，将资源节点 API 执行返回的众多结果中的"信用卡账户状态 accStat"这个出参的值赋值给场景变量"accountStatus"。

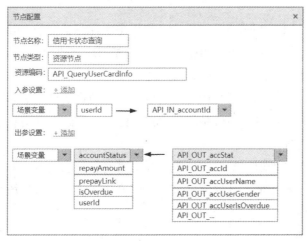

图 6-16 "信用卡查询状态"资源节点的配置

再来看图 6-17，资源节点执行完成后，根据执行结果 accountStatus 被赋值。资源节点后面有两条节点后继边分别命名为"已开通"和"未开通"。两条边上分别有 assertion 条件判定，就是利用场景变量 accountStatus 的值来看哪条后继边能符合条件而通过。

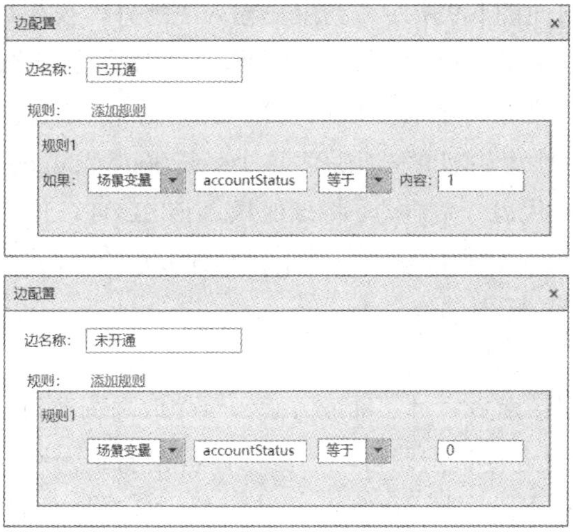

图 6-17 "已开通"和"未开通"两条边的判定配置

如果 accountStatus 的值为 1，则通过"已开通"这条后继边；如果 accountStatus 的值为 0，则通过"未开通"这条后继边。

6.1.3 对话信息识别抽取

信息识别抽取（Recognize）是一个将用户实际对话中的有效信息进行识别和抽取，并结合场景触发过程中已确定的场景 ID，获取该场景对应的场景信息，并对该场景所需的信息进行填充的过程。

通俗一点，以参加考试为例。上一步"获取场景信息"是为了获取考试试卷填空题的题目，而这一步就是将用户实际的对话中的有效信息进行提取，并完成填空题的过程。

对话信息识别抽取，抽取的内容主要为槽值和子意图值。但不论是抽取到的是槽值还是子意图值，其抽取出来的具体值均会统一存储到场景变量中供后续流程处理使用。

1. 抽取槽值

在用户的实际输入对话中，识别出"场景信息中所需槽值"的方法是根据不同的槽位上配置的"词典识别方式"决定的。

1）槽位为枚举类型词典

当槽位为枚举型词典识别方式时，抽取方式就很简单。这里举一个例子便于大家理解，假设用户已经进入一个购买机票场景中，场景中有一个目的地的槽位信息。如前面图 6-9 所示，当用户输入"您好，我想订一张到上海的机票。"这里用变量 $input 来代表用户的整个输入信息。那么最简单的方法便是遍历整个词典值（北京，上海，成都…）。首先是第一个枚举值"北京"，看用户的输入 $input 中是否包含"北京"这个字符串：$input.contains（"北京"），若返回值为真，则代表"包含"，将该值填入该 SLOT，作为值；若返回值为假，则代表"不包含"，继续遍历下一个枚举词典值"上海"。如此循环，直到找出用户输入中槽位需要的信息为止。

2）槽位为模型类型词典

当槽位为模型识别方式时，抽取方式为直接取出词典值中提前配置好的模型 ID，并用该模型进行识别即可。这里以订机票场景为例，该场景还有一个身份证号的槽位信息，如图 6-8 所示，其模型为一个实体识别模型，模型 ID 为 ENTITY_RECO_MODEL001。

当用户输入 $input："您好，我想订一张到上海的机票，我的身份证号为 513823×××××××0013"。通过模型服务 API，传入模型 ID 和用户 INPUT，便能得到身份证号 513823×××××××0013 的值，并进行填槽。

3）槽位为匹配类型词典

同样道理，当槽位配置识别方式为 Pattern 时，其 DictionaryValue 的值为一个正则表达式。拿着这个正则表达式去匹配用户的 $Input，便能抽取出具体的槽值。

通过以上几种方式识别和抽取槽值成功之后，会以 SlotCode 作为 Key，将 <SlotCode，槽值 > 存入场景变量，供后续处理使用。

2. 抽取子意图值

抽取子意图值和抽取槽值非常相似，也是根据子意图中配置的具体识别方式的不同，采用对应的识别方式来完成抽取。前面的第 5 章也讲过，子意图存在的意义是在流程出现分支的分叉点上和用户进行交互，并将用户回答的语义进行标准化，方便判断下一步推进应该进入哪个分支。简单来说，就是将用户在流程分叉点上的回答进行标准化，方便选择下一步具体执行的流程分支。

抽取基于对话模板的子意图：当子意图的识别方式配置为基于模板的时候，SceneIntentRecognizeValue 的值为对应的模板 ID，取出该模板进行识别抽取即可。

抽取基于模型的子意图：当子意图的识别方式配置为基于模型的时候，SceneIntentRecognizeValue 的值为对应的模型 ID，取出该模型进行本地或远程服务调用进行模型预测即可。

通过以上几种方式识别和抽取子意图值成功之后，会以子意图 Code 作为 Key，将 < 子意图 Code，子意图值 > 存入场景变量，供后续处理使用。总之以上场景触发、获取场景信息、对话信息抽取后获得的所有有效信息，都会存储到 DST 中，以备下一个处理环节使用。

▌6.2　交互流程域处理

当场景域处理完毕后，就顺利地获得了场景信息和用户对话的有效信息，此时就可以进入对应的场景预设的交互流程（FlowEntity）进行推进了。交互流程推进步骤为：①获取交互流程。②到 DST 中获取该交互流程的流程实例 ID，若能获取到，则代表已经存在实例，在执行中直接取出该实例执行推进；

若不存在，则为首次被触发，创建新实例，生成用户该会话的交互流程实例（FlowInstanceEntity，也简称流程实例）。③执行流程实例中的节点（Node）推进，如图 6-18 所示。

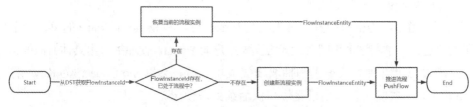

图 6-18　交互流程推进的大致流程图

简单地说，在场景域处理完后，在交互流程域环节做的事情是进行流程实例的封装，以准备好对交互流程域发起 invoke（如图 6-1 所示），而 invoke 的核心操作就是进行 PushFlow。

6.2.1　交互流程首次被触发的情形

如果交互流程是首次被触发，当前并未处于该流程中，那么按照以下步骤进行流程实例的构造。判断是首次被触发还是已经存在于交互流程实例中的标志是，能否从 DST 中获取到交互流程实例 ID。

1. 获取交互流程图

需要从 DST 中取得当前"对话记录对象 ChatRecord"（注：一个 ChatRecord 就代表一个对话，即之前讲的一问一答的概念），并从 ChatRecord 对象中获取场景信息中的 FlowId。实际上就是在 6.1 节中场景域处理中获取并设置到 DST 中的 FlowId。通过这个 FlowId 就能从数据库中获取交互流程（当然从工程上为了性能考虑，流程实体信息可能已经在缓存中了）。交互流程的数据库持久化结构可以参考 6.4 节。

交互流程的结构在前面章节已讲解过，现在再一起回顾一下，用一个邻接表来表达交互流程的数据结构，如图 6-19 所示。

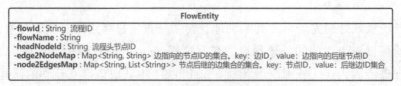

图 6-19　交互流程结构

2. 创建交互流程实例

1）构建交互流程实例

获取到交互流程后，就要开始创建交互流程实例（FlowInstanceEntity），交互流程实例是指当前用户进入指定交互流程时，由交互流程和当前用户数据共同形成的一个实例，是具体的用户在指定交互流程下产生的实例，也是反映具体用户在具体时间内在交互流程上的快照。如果把交互流程比作类，交互流程实例就是对象。图 6-20 描述了交互流程实例的数据结构，可以看出它是由sessionId 和交互流程共同构成的一个具体实例。

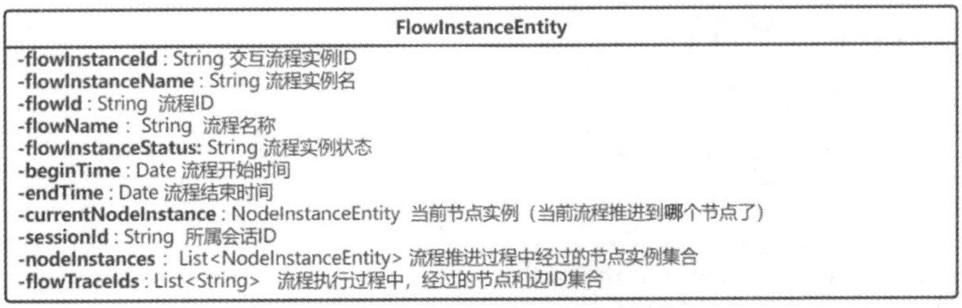

FlowInstanceEntity
-flowInstanceId : String 交互流程实例ID
-flowInstanceName : String 流程实例名
-flowId : String 流程ID
-flowName : String 流程名称
-flowInstanceStatus: String 流程实例状态
-beginTime : Date 流程开始时间
-endTime : Date 流程结束时间
-currentNodeInstance : NodeInstanceEntity 当前节点实例（当前流程推进到哪个节点了）
-sessionId : String 所属会话ID
-nodeInstances : List<NodeInstanceEntity> 流程推进过程中经过的节点实例集合
-flowTraceIds : List<String>　流程执行过程中，经过的节点和边ID集合

图 6-20　交互流程实例结构

交互流程实例中需要重点关注当前节点实例（currentNodeInstance）、流程推进经过的节点实例集合（nodeInstances）、流程推进中的节点和边集合（flowTraceIds）。其中，currentNodeInstance 用于表示当前流转到的节点实例，反映了流程推进的当前进度，属于流程执行的游标。

要构造出一个交互流程实例也很简单，生成一个全局唯一 ID，并将流程信息和会话信息设置到 FlowInstanceEntity 即可。以下是构造交互流程实例的方法代码片段。

```
public FlowInstanceEntity createInstance(String sessionId,FlowEntity flow){
    // 创建流程实例对象
    FlowInstanceEntity instance = new FlowInstanceEntity();
    // 设置流程实例 ID, 通常是由 ID 生成工具生成一个唯一编号
    String instanceId=IdUtils.nextId();
    instance.setFlowInstanceId(instanceId);
    // 流程实例名称 , 这里用流程名称和流程实例 ID 组装构成
    instance.setFlowInstanceName(flow.getFlowName + instanceId);
    instance.setFlowId(flow.getFlowId());
    instance.setFlowName(flow.getFlowName());
    instance.setBeginTime(LocalDateTime.now());
    instance.setSessionId(sessionId);
return instance;
}
```

2）创建头节点实例

交互流程实例是由若干个节点、边和具体数据共同构成的，所以 FlowInstanceEntity 构造完成后，还需要创建该交互流程实例的头节点，并将头节点的执行结果缺省初始化为"停留该节点（STAY）"，节点状态缺省初始化为"首次到达（FIRST）"。

头节点的类型为节点实例类型（NodeInstanceEntity），可以回顾一下其结构，图 6-21 所示为节点实例类型的结构。

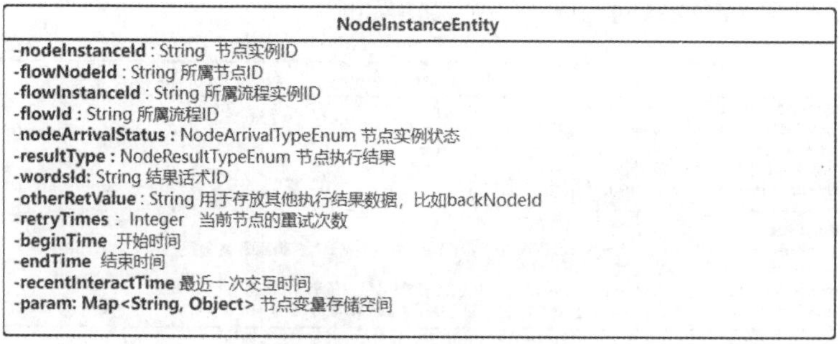

NodeInstanceEntity
-**nodeInstanceId** : String 节点实例ID
-**flowNodeId** : String 所属节点ID
-**flowInstanceId** : String 所属流程实例ID
-**flowId** : String 所属流程ID
-**nodeArrivalStatus** : NodeArrivalTypeEnum 节点实例状态
-**resultType** : NodeResultTypeEnum 节点执行结果
-**wordsId**: String 结果话术ID
-**otherRetValue** : String 用于存放其他执行结果数据，比如backNodeId
-**retryTimes** : Integer 当前节点的重试次数
-**beginTime** 开始时间
-**endTime** 结束时间
-**recentInteractTime** 最近一次交互时间
-**param**: Map<String, Object> 节点变量存储空间

图 6-21　节点实例类型的结构

如何创建一个交互流程实例的头节点实例？其实很简单，可以参考以下代码片段，这里需要注意的是节点和节点实例的区别，与流程和流程实例的关系类似。这里需要注意的是，记得把节点实例的初始化状态设置为 FIRST。

```
...
// 创建节点实例对象
NodeInstanceEntity nodeInstance = new NodeInstanceEntity ();
// 设置节点实例 ID, 由 ID 生成工具生成一个唯一编码
nodeInstance.setNodeInstanceId(IdUtils.nextId(IDType.NODE_INSTANCE.
getPrefix()));
nodeInstance.setFlowId(flowInstance.getFlowId());
nodeInstance.setFlowInstanceId(flowInstance.getFlowInstanceId());
nodeInstance.setNodeId(flowEntity.getHeadNodeId());
// 节点实例对象的结果类型缺省设置为 STAY
nodeInstance.setResultType(NodeResultTypeEnum.STAY);
// 节点实例对象的状态缺省设置为 FIRST ( 第一次到达 )
nodeInstance.setNodeArrivalType(NodeArrivalTypeEnum.FIRST);
nodeInstance.setBeginTime(LocalDateTime.now());
...
```

3）将新创建头节点实例更新至流程实例

因为创建了头节点实例，就需要把该头节点信息更新至刚才创建的交互流程实例上，并将头节点设置为当前游标，即表示当前交互流程实例上正在推进的节点。伪代码片段如下。

```
// 更新流程实例
// 记录经过的所有节点和边，将当前节点 ID 加入
flowInstance.getFlowTraceIds().add(nodeId);
// 记录经过的所有节点，将当前节点加入
flowInstance.getNodeInstances().add(nodeInstance);
// 设置当前正在经过的节点实例（当前游标）
flowInstance.setCurrentNodeInstance(nodeInstance);
```

3. 将交互流程实例存至缓存

在流程实例执行过程和与用户交互的过程中，流程实例的行进状态是不断变化的，对流程实例的读取和写入是非常频繁的，故通常是以 key-value（简称 k-v，即键值对）形式放在缓存中，方便高效率存取，通常一个用户的咨询持续时间不会太长，该缓存也可以设置一个 ExpireTime，比如 24 小时。其中，key 为流程实例 ID，value 为序列化后的该流程实例对象。这里需要注意的是，DST 中只存储了该用户使用的流程实例 ID，而具体流程实例 ID 对应的具体内容需要在图 6-22 中展示的流程实例缓存中去读取。这样设计的原因是 DST 中的数据是非常频繁存取的数据，为了避免 DST 数据量过于庞大和冗余，故将流程实例内容独立存储。

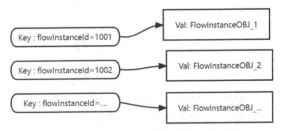

图 6-22　流程实例在缓存中的存储结构

至此，交互流程是首次被触发，一个含有头节点实例的交互流程实例就创建和初始化完毕了。

6.2.2　交互流程的推进

当获取了交互流程图，并顺利创建和初始化交互流程实例，同时将当前游标设置到头节点上后，整个流程推进的所有准备工作就完成了。

接下来将从头节点开始，进行交互流程的推进，将流程向前推动。这里可以参考图 6-1，推进流程的核心就是 forwardFlow( ) 函数，它是一个递归函数，当流程推进到当前节点时，就会进入当前节点的"节点域处理"（6.3 节会具体

阐述节点域处理具体是在做什么工作）。节点域处理完毕后，视当前节点域处理执行结果的不同，其对应的下一步操作或退出出口便不同，大致有五类下阶段出口。

（1）正常结束当前流程（endFlow）。

（2）再次进行递归执行（forwardFlow）。

（3）停在当前节点等待（pauseFlow）。

（4）非正常终止（abortFlow）。

（5）当前节点通过，继续推进执行后继边（handleEdge）。

图 6-23 描述了流程推进过程中，不同节点执行结果下的状态切换关系。

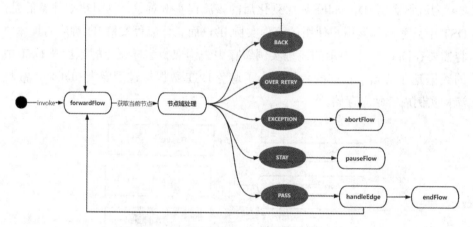

图 6-23　流程推进中的节点执行状态切换关系

1. forwardFlow( ) 操作

forwardFlow( ) 操作是推进交互流程前进的主线核心方法，其主要职责是执行当前节点的"节点域处理（nodeDomainService）"，并根据"节点域处理"返回该节点的执行结果。依据不同的执行结果来更新流程实例状态和节点达到状态，并决定下一步的操作是什么。其执行结果对应状态和下一步操作的映射关系如表 6-1 所示。

表 6-1　执行结果对应状态和下一步操作的映射关系

执行结果	节点状态	下一步操作	流程实例状态
PASS	当前节点更新为 FINISHED	handleEdge( ) –> endflow( ) handleEdge( ) –> forward Flow ( )	END RUNNING

续表

执行结果	节点状态	下一步操作	流程实例状态
BACK	（1）当前节点更新为 FINISHED； （2）创建指定的新节点的节点实例，并将新节点状态更新为 FIRST，将流程实例当前游标设置为新节点实例	forwardFlow( )	RUNNING
STAY	当前节点更新为 WAITING	pauseFlow( )	RUNNING
OVER_RETRY	当前节点更新为 FINISHED	abortFlow( )	ABORTION
EXCEPTION	当前节点更新为 FINISHED	abortFlow( )	ABORTION

接下来依次对这几种执行结果的后续操作做一些说明。

（1）在"节点域处理"环节执行后，如果节点执行结果为 PASS，表示该节点通过，就需要将该节点的状态更新为 FINISHED（已完成），然后继续执行该节点的后继边。而 handleEdge( ) 操作是用于执行后继边操作，此时存在以下三种情况。

- 如果该节点没有后继边，则说明该节点为末端叶子节点。这种情况说明整个流程可以结束了，将流程状态更新为 END，并执行 endFlow( ) 操作去结束流程。
- 如果该节点有后继边，但后继边上的条件一个都不满足，就将流程状态更新为 END，并执行 endFlow( ) 操作，结束流程。
- 如果该节点有后继边，只有其中一条后继边上的条件满足。这种情况，将流程状态更新为 RUNNING。因为只要是边，边的两端就一定有节点，取出这条满足条件的边右端链接的下一个新节点，创建该新节点的节点实例，并继续递归 forwardFlow( ) 操作去继续推进流程，如图 6-24 所示。

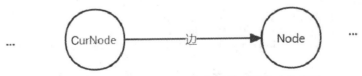

图 6-24　边条件满足，继续执行边的后继节点的情形

（2）在"节点域处理"环节执行后，如果节点执行结果为 BACK，则表示要跳转到指定新节点。

- 首先将当前节点的状态更新为 FINISHED。

- 然后创建该新指定的节点 ID 对应的节点实例。
- 将这个新的节点实例的状态更新为 FIRST。
- 然后将当前流程的当前节点游标设置为新节点。
- 将流程状态设置为 RUNNING。
- 继续递归执行 forwardFlow( )。

（3）在"节点域处理"环节执行后，如果节点执行结果为 STAY，表示需要在该节点停留等待，比如等待用户补一些槽位数据或者交互数据。

- 首先将当前节点的状态更新为 WAITTING。
- 然后将流程状态设置为 RUNNING。
- 最后执行 pauseFlow( )。

（4）在"节点域处理"环节执行后，如果节点执行结果为 OVER_RETRY 或 EXCEPTION，表示该节点超过重试次数或发生异常，需要非正常中止流程执行。

- 首先将当前节点的状态更新为 FINISHED。
- 然后将流程状态设置为 ABORTION。
- 最后执行 abortFlow( )。

forwardFlow 的伪代码如下。

```
forwardFlow(FlowEntity flow, FlowInstanceEntity flowInstance) {
// 获取当前游标，即流程推进到哪个节点
NodeInstanceEntity curNode = flowInstance.getCurrentNodeInstance;
// 执行当前节点的节点域处理
curNode= nodeDomainService.execute(curNode);

        if (BACK.equals(curNode.getResultType())) { // 若执行结果为返回到指
定节点
            curNode.setNodeArrivalStatus(FINISHED);
// 执行结果中附带的 OtherRetValue 为指定返回的下一个节点的节点 ID
                createNodeInstanceAndRenewCurNode(flowInstance,curNode.
getOtherRetValue());
            return forwardFlow(flow, flowInstance);
        } else if (OVER_RETRY.equals(curNode.getResultType())) {// 若执行
结果为重试超限
            curNode.setNodeArrivalStatus(FINISHED);
            return abortFlow(flowInstance);
        } else if (EXCEPTION.equals(curNode.getResultType())) {// 若执行结
果为异常
            curNode.setNodeArrivalStatus(FINISHED);
            return abortFlow(flowInstance);
        } else if (STAY.equals(curNode.getResultType())) {// 若执行结果为
等待
            curNode.setNodeArrivalStatus(WAITTING);
            return pauseFlow(flowInstance);
        } else {
```

```
        curNode.setNodeArrivalStatus(FINISHED); // 若执行结果为完成
        return handleEdge(flow, flowInstance);
    }}
```

在执行结果为 BACK，跳转到指定节点的处理过程中，使用 createNodeInstanceAndRenewCurNode 来创建新节点实例，并将它设置为流程实例的当前游标，其伪代码如下。

```
    createNodeInstanceAndRenewCurNode(flowInstance, String nextNodeId){
// 创建一个新的节点实例对象
  NodeInstanceEntity nodeInstance = new NodeInstanceEntity();
        nodeInstance.setNodeInstanceId(IdUtils.nextId(IDType.NODE_INSTANCE.
getPrefix()));
        nodeInstance.setFlowId(flowInstance.getFlowId());
        nodeInstance.setFlowInstanceId(flowInstance.getFlowInstanceId());
// 其节点 ID 为返回 BACK 执行结果中指定的下一个节点 ID
        nodeInstance.setNodeId(nextNodeId);
        nodeInstance.setBeginTime(now());
nodeInstance.setNodeArrivalStatus(NodeArrivalTypeEnum.FIRST)
// 记录经过的所有节点和边，将当前节点加入
flowInstance.getFlowTraceIds().add(nodeId);
// 记录经过的所有节点，将当前节点加入
        flowInstance.getNodeInstances().add(nodeInstance);
// 设置当前游标为刚创建的新节点实例
        flowInstance.setCurrentNodeInstance(nodeInstance);
}
```

表 6-1 中提到的其他各种"下一步操作"内部的大致流程可以参考下面的说明。

2. endFlow( ) 操作

endFlow( ) 操作其实很简单，就是更新流程实例状态为 END，更新流程结束时间，并存储到流程实例缓存。endFlow( ) 操作的伪代码如下。

```
endFlow(FlowInstanceEntity flowInstance) {
// 更新流程实例结束时间
        flowInstance.setEndTime(now());
        // 更新流程实例状态为 END
        flowInstance.setFlowInstanceStatus(FlowStatusEnum.END);
        // 存储到缓存
        flowDomainCache.saveFlowInstance(flowInstance);
    }
```

3. pauseFlow( ) 操作

pauseFlow( ) 操作也很简单，其实就是更新流程实例状态为 RUNNING，并存入流程实例缓存。pauseFlow( ) 操作的伪代码如下。

```
pauseFlow(FlowInstanceEntity flowInstance) {
// 更新流程实例状态为 RUNNING
            flowInstance.setFlowInstanceStatus(FlowStatusEnum.RUNNING);
// 存储到缓存
flowDomainCache.saveFlowInstance(flowInstance);
    }
```

4. abortFlow( ) 操作

abortFlow( ) 操作也很简单，其实就是更新流程实例状态为 ABORTION，并存入流程实例缓存。abortFlow( ) 操作的伪代码如下。

```
abortFlow(FlowInstanceEntity flowInstance) {
// 更新流程实例状态为非正常终止
flowInstance.setFlowInstanceStatus(FlowStatusEnum.ABORTION);
// 存储到缓存
flowDomainCache.saveFlowInstance(flowInstance);
    }
```

5. handleEdge( ) 操作

相对来说，handleEdge( ) 操作是比较复杂的，其伪代码如下所示，逻辑如下。

（1）获取当前节点实例，拿到当前节点实例对应的 NodeId。

（2）通过 NodeId 可以获取交互流程中该节点的所有后继边。

（3）如果当前节点对应的 NodeId 无后继边，则直接执行 endFlow( ) 结束流程。

（4）如果当前节点有一条或多条后继边，则执行 matchEdges( ) 遍历找到其中任一条件匹配的后继边；若找不到条件匹配的后继边，则直接执行 endFlow( ) 结束流程。

（5）找到满足条件的任一后继边后，取出这条满足条件的后继边的后继节点，创建该节点的实例，并将流程实例的当前游标更新为该新节点实例，然后递归执行 forwardFlow( ) 继续推进流程。

```
handleEdge(FlowEntity flow, FlowInstanceEntity flowInstance) {
   NodeInstanceEntity nodeInstance = flowInstance.getCurrentNodeInstance();
// 获取该节点实例的对应节点的所有后继边
   List<String> toEdges = flow.getNode2Edges(nodeInstance.getFlowNodeId());

   if (CollectionUtils.isEmpty(toEdges)) {
           return endFlow(flowInstance);
} else {
// 获取任意条条件匹配的后继边
        Pair<String, String> matchedPair = matchEdges(flow, toEdges);
           if (matchedPair != null) {
               flowInstance.getFlowTraceIds().add(matchedPair.getLeft());
createNodeInstanceAndRenewCurNode(flowInstance, matchedPair.getRight());
           return forwardFlow(flow, flowInstance);
```

```
        } else {
            return endFlow(flowInstance);
        }
    }
}
```

matchEdges( ) 的大致逻辑伪代码如下，遍历多条边，并取出每条边上 EL 表达式和场景变量做匹配，匹配上代表该边条件满足，取出边的后继节点。

```
private Pair<String, String> matchEdges(FlowEntity flow, List<String>
toEdges) {
        String matchedEdgeId = null;
        String nextNodeId = null;
// 遍历找到符合条件的边后退出
        for (String edgeId : toEdges) {
            String elExpression = getEdgeExpr(edgeId);
                boolean matched = SpelUtils.getValue(elExpression, DST.
getDst().getSceneVar(), Boolean.class);
            if (matched) {
                matchedEdgeId = edgeId;
                nextNodeId = flow.getEdge2Node(edgeId);
                break;
            }
        }
        return StringUtils.isNotEmpty(nextNodeId) ? Pair.
of(matchedEdgeId, nextNodeId) : null;
    }
```

6.2.3　交互流程已处于执行中的情形

对于交互流程已处于执行中情形，看了前面的阐述，理解起来应该就很简单了。在用户咨询一句话后，会触发历史场景，此时会拿到场景 ID 和触发方式，同时 DST 中能拿到最近的对话记录 chatRecord 中不为空的场景信息 sceneInfo，取出 sceneInfo 中的流程实例 ID。通过流程实例 ID，取出缓存中的流程实例对象。流程实例中有当前正在执行的节点游标 curNode，执行 invoke（forwardFlow），继续往前推进，直到得出答案为止。

6.3　节点域处理

"节点域处理"的主要职责是负责处理交互流程域中流程实例推进过程中，执行当前游标所在的当前节点实例的执行工作，即节点域处理的是

currentNodeInstance 上的任务 nodeDomainService.execute（curNodeInstance）。

execute( ) 方法的核心实现有两个步骤：①选择适合的节点执行器；②执行该节点内容并返回执行结果。

讲述节点域的时候，还请读者重温一下"节点实例状态"和"节点执行结果"这两个概念。节点实例状态用于反映当流程流转刚进入该节点时，节点呈现的状态，包括 FIRST、RETRY、WAITING、FINISHED。节点执行结果用于描述当前节点执行完成后，下一步将要进行的动作行为，包括 PASS、OVER_RETRY、STAY、BACK、EXCEPTION。

6.3.1　选择节点执行器

传入节点域处理方法 execute( ) 的入参就是当前流转到的节点实例 curNodeInstance，回忆节点实例的结构，如图 6-25 所示。

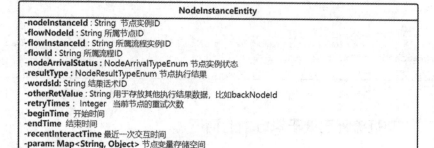

图 6-25　节点实例的结构

通过节点实例中的 flowNodeId 便能从数据库或者缓存中查到该节点的信息，其结构如图 6-26 所示。

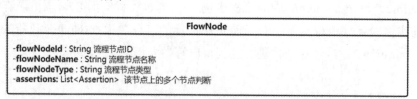

图 6-26　节点的结构

通过对应节点结构中的 flowNodeType 即可获得节点的类型，其类型可能是开始节点、交互节点、资源节点、槽位节点、话术节点、转人工节点、脚本节点中的任何一个。不同类型的节点有不同的节点执行器实现。

如图 6-27 所示，它们都实现了自己的 runNode( ) 方法。runNode( ) 方法是用于执行该节点的具体业务逻辑，runNode( ) 的入参为节点和当前节点实例。

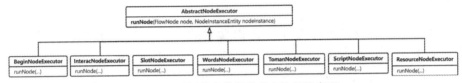

图 6-27　不同节点类型的节点执行器实现

每种类型的节点的 runNode( ) 是如何实现其执行逻辑的？接下来 6.3.2 节会为读者一一讲解。

6.3.2　节点执行

不论哪种类型的节点，runNode( ) 最开始都有一段相同的逻辑。即当节点实例的状态为 FINISHED 时，直接将该节点的执行结果设置为通过（PASS）。伪代码如下。

```
    runNode(node, curNodeInstance){
   if (FINISHED.equals(curNodeInstance.nodeArrivalStatus())) {
curNodeInstance.setResultType(NodeResultTypeEnum.PASS);
          return curNodeInstance;
      }
   ...
}
```

除了这段共有的逻辑之外，每种不同类型的节点还有自己独有的处理逻辑。下面就不同类型的节点进行阐述。

1. 开始节点

开始节点是流程开始推进的第一个节点，不需要执行任何动作，只需要直接往下流转，所以其执行结果就是直接通过，且无任何话术返回，其 runNode( ) 的实现伪代码如下。

```
runNode(node, curNodeInstance){
// 节点执行通用逻辑
    if (FINISHED.equals(curNodeInstance.nodeArrivalStatus())) {
curNodeInstance.setResultType(NodeResultTypeEnum.PASS);
         return curNodeInstance;
}
    // 开始节点独有逻辑
```

```
    curNodeInstance.setResultType(NodeResultTypeEnum.PASS);
    curNodeInstance.setWordsId(null);
    return curNodeInstance;
}
```

2. 话术节点

话术节点也很简单，是用于提供话术的，其 runNode 的实现伪代码如下。对于话术节点来说，因其 node 的 action 中只会配置一个 assertion，且该 assertion 上只配置了话术，没有任何判断，默认就是通过，所以首先将执行结果设置为 PASS，其次将该 assertion 中预设的 wordsId 取出来，赋给当前节点实例作为执行的结果附带即可。伪代码如下。

```
runNode(node, curNodeInstance){
// 节点执行通用逻辑
    if (FINISHED.equals(curNodeInstance.nodeArrivalStatus())) {
curNodeInstance.setResultType(NodeResultTypeEnum.PASS);
        return curNodeInstance;
    }.
  // 话术节点执行独有逻辑
    curNodeInstance.setResultType(NodeResultTypeEnum.PASS);
    curNodeInstance.setWordsId(node.getAssertionWordsId());
    return curNodeInstance;
}
```

来看一个节点 node 的 action 的 assertions 的预设配置例子就很好理解了。下面是一个话术类型 node 配置的例子，可以看出对于话术节点的 assertion 的 EL 表达式直接是 true，表示直接通过，其话术 ID 为 102888，直接到话术表里取出 ID=102888 的对应话术即可。

```
Action:{"assertions":
  [{"expr":"true",
    "result":{"resultType":"PASS","flowNodeWordsId":"102888","backNodeId":
null},
    "session":{"resourceId":null,"inputSetters":null,"outputSetters":
null,"scriptType":null,"script":null,"slotTyp
  e":null,"slotCode":null,"slotRequired":null}}
  ]
}
```

3. 交互节点

该类型节点用于和用户需要交互的情况，比如反问用户一个问题，让用户回答或者弹出一个点选菜单，让用户进行选择。以下是交互节点的 runNode 的伪代码实现。

```
runNode(node, curNodeInstance){
// 节点执行通用逻辑
  if (FINISHED.equals(curNodeInstance.nodeArrivalStatus())) {
curNodeInstance.setResultType(NodeResultTypeEnum.PASS);
        return curNodeInstance;
  }.
// 交互节点执行独有逻辑
   if(FIRST.equals(curNodeInstance.nodeArrivalStatus)||  RETRY.
equals(curNodeInstance.nodeArrivalStatus)) {
      curNodeInstance.setResultType(NodeResultTypeEnum.STAY);
            curNodeInstance.setWordsId(node.getAssertionWordsId());
  }else if(WAITING.equals(curNodeInstance.nodeArrivalStatus)) {
FlowNodeAssertion assertion = matchAssertion(node,curNodeInstance);
        if (assertion != null) {
              ActionResult actionResult = assertion.getActionResult();
              if (NodeResultTypeEnum.BACK.equals(actionResult .get
ResultType())) {
       curNodeInstance. setResultType (NodeResultTypeEnum.BACK);
       curNodeInstance.setOtherRetValue(actionResult.getBackNodeId());
        } else if (NodeResultTypeEnum.STAY.getCode().equals(action
Result.getResultType())) {
       curNodeInstance. setResultType (NodeResultTypeEnum.STAY);
              curNodeInstance.setWordsId(actionResult.getWordsId());
            } else {
       curNodeInstance. setResultType (NodeResultTypeEnum.PASS);
              curNodeInstance.setWordsId(actionResult.getWordsId());}
          } else {
 curNodeInstance. setResultType (NodeResultTypeEnum.PASS);
          curNodeInstance.setWordsId(null);
          }
      }else{
        // 什么都不做
}
      return curNodeInstance;
}
```

当节点实例状态是第一次进入（FIRST）或者重试进入（RETRY）交互节点时，首先将该节点的执行结果置为 STAY，表示要停留在该节点，同时返回交互节点的话术（这个话术通常是一个反问句或者选择性的一般疑问句）。因为对于交互节点来说，第一次进入或重试进入时，通常机器人会反问用户一个问题，并等待用户的回答。所以要先停留在该节点，并抛出反问话术。

当节点实例状态是 WAITING 时，通常 WAITING 这种状态是伴随着节点执行结果为 STAY 时对应的节点实例状态，说明此时可能已是第二次回到该节点，即抛出反问后，用户回答了具体答案，流程再次来到该节点上，此时就需要取出该节点配置的一个或者多个 assertion 进行判断。matchAssertion 操作就是从多个 assertion 中进行判断，返回找到的其中一条满足条件的 assertion 及其对应的 result、session。其伪代码如下。

```
Assertion matchAssertion(NodeInstanceEntity nodeInstance, FlowNode node) {
...
for (Assertion assertion : node.getAssertions()) {
   Boolean matched =
    SpelUtils.getValue(assertion.getExpr(), DST.getDST(userId,sessionId).
SceneInfo.getSceneVar(), Boolean.class) ;

                if (Boolean.TRUE.equals(matched)) {
                    return assertion;
                }
      }
           ...
              }
```

在筛选多个 assertion 中的那条符合条件的 assertion 时，将 assertion 中预设的 EL 表达式和场景变量中具体的值进行匹配，因为在整个流程流转过程中产生的一些有效数据值都会赋值到场景变量中（前面讲过场景变量中包含了识别出来的槽值、子意图值、资源节点返回值等一切场景处理中需要的值），故 EL 表达式和场景变量匹配即可。比如最经典的情况就是资源类型节点调用之后的结果会赋值到场景变量中。

前面章节也讲到过交互节点通常是后面流程的分叉点，每个分叉点代表一个子意图。用户给出的答案在对话信息识别抽取（Recognize）子意图环节可能就已经被抽取出来了，当然这个子意图值抽取的动作也是可以在该交互节点的 assertion 中配置的 session 中预设的，当流程推进到该交互节点分叉点的时候才去进行子意图值抽取，两种方式都是可以的，只是一个属于动作前置，一个流转到该节点再抽取。当拿到这个子意图，并且该交互节点通过之后，在其后继边上就可以根据用户回答的答案中给出的子意图和不同的边预设的条件匹配，看通过哪条后继边，最终决定后续流程推进的路径。

4. 资源节点

该类型节点通常用于调用外部资源，获取一些流程推进过程中需要的数值，比如调用外部 API 接口等情形。下面是资源节点的 runNode 实现伪代码。

```
runNode(node, curNodeInstance){
// 节点执行通用逻辑
     if (FINISHED.equals(curNodeInstance.nodeArrivalStatus())) {
curNodeInstance.setResultType(NodeResultTypeEnum.PASS);
        return curNodeInstance;
   }.
   // 资源节点执行独有逻辑
   FlowResourceNode node = (FlowResourceNode) node;
   // 提取资源节点上的入参设置信息、出参设置信息
```

```
        Map<String, String> nodeIntputs = node.getInputSetters();
        Map<String, String> nodeOutputs = node.getOutputSetters();

        // 获取 RPC 资源信息，RPC 入参，填充 RPC 资源入参，调用 RPC 资源
        String resourceId = node.getResourceId();
List<RpcInputParam> rpcInputs = service.getInputs(resourceId);
Map<Integer, Map<String, Object>> argsMap = fillRpcParamValue(curNodeInsta
nce, nodeIntputs, rpcInputs);
        Map<String, Object> rpcResult = service.getResult(resourceId,
argsMap);
        // 处理 RPC 资源调用结果至出参
        handleOutput(curNodeInstance, nodeOutputs, rpcResult);
        // 设置执行结果
        curNodeInstance. setResultType (NodeResultTypeEnum.PASS);
        curNodeInstance.setWordsId(null);
        return curNodeInstance;
}
```

讲一下里面的核心逻辑。第一步，首先它是一个 FlowResourceNode，获取该节点上配置的节点入参信息和节点出参信息。这个是在节点 Node 上的 Assertion 中配置的。

第二步，拿到资源节点上的资源 ID 编号（resoureId），通过资源 ID 编号，可以拿到资源配置表中的资源配置。一般说来，调用一个资源接口会返回多个值，但该节点只需要众多返回值中的一个或几个值。毕竟资源接口可能是第三方的并不是只为该场景而生的，是一个通用的 API 接口。

第三步，既然已经拿到节点上的出/入参配置和接口资源的出/入参，那么现在就要开始构造和填充接口资源入参，为发起调用接口做准备。而这个填充的对应关系，就是靠节点入参配置中的 Param 和资源接口入参中的 Param 关联映射起来的。

第四步，调用资源接口，获得返回值。这里直接用相关接口的协议对应的调用方法调用即可，如果是 HTTP 接口，可以用 HTTP 包提供的方法调用；如果是 Dubbo 接口，可以用 Dubbo 提供的远程调用通用方法调用，这里就不详细展开讨论。

第五步，将调用结果写入 node 出参。通常这里的出参都是一个场景变量，方便在整个场景流转过程中使用。handleOutput（curNodeInstance，nodeOutputs，rpcResult）的伪代码如下。

整个处理就是将出参中的有效信息写入场景变量。

```
handleOutput(curNodeInstance, nodeOutputs, rpcResult){
    ...
```

```
String flowInstanceId = curNodeInstande.getFlowInstanceId();
 FlowInstanceEntity flowInstance = Cache.get(flowInstanceId);
For( item<param,expr,options> : nodeOutputs ){
        Object value = SpelUtils.getValue(expr, rpcResult);
           DST.getDST(flowInstance.getSessionId).getSceneVar().put(param,
value);
    }
    ...
}
....
```

第六步，设置返回结果为 PASS，不设置任何话术。

5. 槽位节点

该类型节点用于用户需要填槽的情况，其流程和交互节点基本一样，区别在于对于槽位节点来说 FIRST 和 RETRY 达到时，如果还未填槽，那么就需要停留在该节点和用户交互进行填槽操作。因为填槽可能在对话信息识别抽取环节就已经填好了，如果在信息识别抽取那步已经填槽完成，那么这里 FIRST 或 RETRY 达到时直接通过。而对于交互节点来说，FIRST 或 RETRY 达到时必须返回 STAY 进行一次交互。其最大区别在伪代码上反映出来，即多了一个"!isSlotFilled（node）"判断。如下所示，是交互节点的 runNode( )伪代码实现。

```
runNode(node, curNodeInstance){
// 节点执行通用逻辑
  if (FINISHED.equals(curNodeInstance.nodeArrivalStatus())) {
curNodeInstance.setResultType(NodeResultTypeEnum.PASS);
        return curNodeInstance;
  }.
 // 槽位节点独有逻辑
  if((FIRST.equals(curNodeInstance.nodeArrivalStatus)|| RETRY.
equals(curNodeInstance.nodeArrivalStatus))
&& !isSlotFilled(node)) {
   curNodeInstance.setResultType(NodeResultTypeEnum.STAY);
          curNodeInstance.setWordsId(node.getAssertionWordsId());
  }else if(WAITTING.equals(curNodeInstance.nodeArrivalStatus)) {
FlowNodeAssertion assertion = matchAssertion(node,curNodeInstance);
        if (assertion != null) {
             ActionResult actionResult = assertion.getActionResult();
             if (BACK.equals(actionResult .getResultType())) {
                 curNodeInstance. setResultType (NodeResultTypeEnum.
BACK);
          curNodeInstance.setOtherRetValue(actionResult.getBackNodeId());
           } else if (STAY.getCode().equals(actionResult.getResultType())) {
                curNodeInstance. setResultType (NodeResultTypeEnum.STAY);
                curNodeInstance.setWordsId(actionResult.getWordsId());
              } else {
           curNodeInstance. setResultType (NodeResultTypeEnum.PASS);
                curNodeInstance.setWordsId(actionResult.getWordsId());}
```

```
            } else {
curNodeInstance. setResultType (NodeResultTypeEnum.PASS);
            curNodeInstance.setWordsId(null);
        }
    }else{
        curNodeInstance. setResultType (NodeResultTypeEnum.PASS);
        curNodeInstance.setWordsId(null);
    }
    return curNodeInstance;
}
```

从以上代码可以看出，除了判断槽位是否已经填充之外，其他的处理逻辑和交互节点几乎完全一样。一起来看看如何判断"槽位是否已经填充"isSlotFilled( ) 的伪代码，首先取出该槽位节点对应的槽位编码，通过槽位编码到场景变量中取值。因为槽值、子意图值、资源执行返回值等都会统一放入场景变量维护，在场景变量中是以 k-v 形式保存的，槽值的 key 为槽位编码。

```
boolean isSlotFilled(FlowSlotNode node) {
        boolean filled = false;
        String code = node.getSlotCode();
        Object value = SpelUtils.getValue(code, DST.getDst().getSceneVar());
        if (value != null) {
                if (value instanceof String) {
filled = StringUtils.isNotEmpty((String) value);
                } else {
                    filled = true;
                }
            }
        return filled;
    }
```

6. 转人工节点

转人工节点用于当流程流转到该类型节点，便进行转人工操作，这里只需要打上一个转人工标记即可。比如，这个转人工标记可以设置到节点实例的 otherRetValue 中保存。基本上流转到了转人工节点上，流程就会被设置为结束状态，并进行转人工操作。具体人工转到哪个业务技能组，由整个应答流程前期 NLU 过程中识别出来的领域和意图决定。这个逻辑非常简单，这里就不展开讲解。

7. 脚本节点

脚本节点的功能非常简单，即执行一段预设的脚本，用对应的脚本执行器执行，并返回一个结果 Map，并将脚本执行的返回值 Map 写入场景变量，其伪代码如下。

```
runNode(node, curNodeInstance) {
// 节点执行通用逻辑
        if (FINISHED.equals(curNodeInstance.nodeArrivalStatus())) {
            curNodeInstance.setResultType(NodeResultTypeEnum.PASS);
            return curNodeInstance;
        }.

// 脚本节点执行独有逻辑
        FlowScriptNode node = (FlowScriptNode) flowNode;
        ScriptTypeEnum scriptType = node.getScriptType();
        String scriptSource = node.getScript();
        if (StringUtils.isNotEmpty(scriptSource)) {
                Map<String, Object> scriptResult = ScriptExecutor.
exec(scriptType , scriptSource);
            if (CollectionUtils.isNotEmpty(scriptResult)) {
// 写入场景变量
DST.getDST().getSceneVars().putAll(scriptResult);
            }
        }
        curNodeInstance. setResultType (NodeResultTypeEnum.PASS);
        curNodeInstance.setWordsId(null);
        return curNodeInstance.;
}
```

当节点域处理完成后，会返回带有执行结果的当前节点实例 curNodeInstance 到交互流程域中进行后续处理，按照表 6-1 所示，根据节点域执行结果，去更新节点的状态，同时决定下一步做什么，以此来继续推进流程往前执行。

6.4　持久化设计

在场景和交互流程的推进过程中，既涉及场景的信息配置数据，又涉及在流程交互过程中产生的具体流程实例的数据以及流程流转过程中产生的中间数据。这些配置数据、具体的交互流程数据、中间数据也需要以某种结构进行存储，这里便引入了场景持久化存储的设计。

本节以在线预订火车票为例，让读者进一步了解怎样设计任务型 DPL 的持久化层。

6.4.1　数据库表设计

预订火车票是一个需要通过多轮应答才能完成的任务，很明显这是一个任务型机器人。而对于一个任务型应答引擎，会涉及场景和交互流程相关的配置内容，这些配置是需要持久化的，故我们需要借助存储介质进行持久化。这里选用关系型数据库进行存储，可以简单设计场景和交互流程相关的表结构，为了便于读者更好理解，以下设计降低了复杂度，在实际使用中读者可以参考此设计，再根据实际情况去具体设计。图 6-28 所示是场景相关的数据库模型设计图。

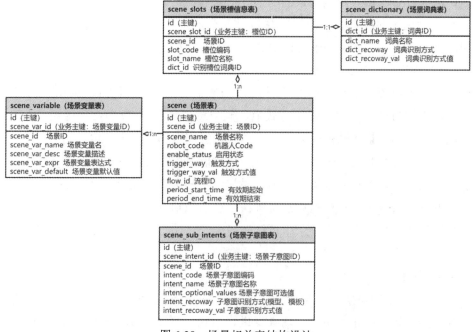

图 6-28　场景相关表结构设计

图 6-28 的中心是"scene（场景表）"，关于场景相关表结构，就从这张"场景表"开始展开讲解。

1）场景表

场景表中包含标识该场景的场景 ID、机器人 Code、启用状态、触发方式、触发方式值、流程 ID、有效期起始和有效期结束。

其中场景 ID 是用于唯一标识一个场景的编号；机器人 Code 用于指明该场景是用于哪个机器人的，比如购买机票场景只能用于"机场服务机器人"，属于"机场服务机器人"下的场景；启用状态是一个开关，可以启用和禁用该场景；触发方式和触发方式值在 6.1.1 节讲过，这里用于存储如何触发该场景的触发信息；流程 ID 是一个外键，用于指明该场景的流程 ID 是哪个，便于在流程表中找到对应的流程信息；有效期起始和有效期结束用于表示该场景的生效周期，比如有一个"用户兑奖"的场景，兑奖有效期为 2024 年 1 月 1 日到 2024 年 1 月 31 日，故可以通过设置场景生效日期来实现。

2）场景槽信息表和场景词典表

场景槽信息表（scene_slots）用于存储场景中的槽信息，因为一个场景中可能有多个槽，故场景槽信息表和场景表中的记录是多对一的关系。该表中包含标识槽位的唯一 ID、所属场景的场景 ID、槽位编码、槽位名称、识别槽位的词典 ID。而通过词典 ID，又可以关联到词典表 scene_dictionary 中找到对应的词典和词典的识别方式。这些内容在 6.1.2 节中描述得很详细，这里不再赘述。

3）场景子意图表

场景子意图表中有场景子意图 ID、场景子意图编码、场景子意图可选值、子意图识别方式、子意图识别方式值。其中场景子意图 ID 通常是由系统自动生成唯一标识场景子意图的编码，而场景子意图编码是用户在定义场景时为了方便查看自己命名的编码；场景子意图可选值是指在采用模型方式的子意图识别方式的时候，保存其分类值，因为通常这是一个分类模型；对于子意图识别方式通常有模板识别和模型识别两种；子意图识别方式值是对应的模板编码或者模型编码。同样，一个场景中可能有多个子意图，所以场景表和子意图表的关系是一对多的。

4）场景变量表

在 6.1.2 节中讲解了场景变量，本质上是一个"键值对"形式的结构，所以其核心字段为场景变量名、场景变量表达式、场景变量默认值。其中场景变量表达式和实现方式有关，这里通常使用 EL 表达式来表示；场景变量默认值是指当该场景变量未获取到值的时候，其被设置的缺省值。

交互流程相关表设计就相对简单了，以 flow（流程表）为中心展开（参见 6-29）。由于流程是由多个流程节点和多条边共同构成的，故流程表和流程节点表是一对多的关系，流程表和流程边信息表也是一对多的关系。流程边信息表中包含了边的起始节点、边的终点以及边上的表达式。流程节点动作表代表流程节点上的 assertion，一个流程节点上可能存在多个 assertion，故流程节点表和流程节点动作表之间是一对多的关系。话术表和资源表用于保存可供节点动作使用的各种话术和资源，分别独立建一张表来保存相关信息。

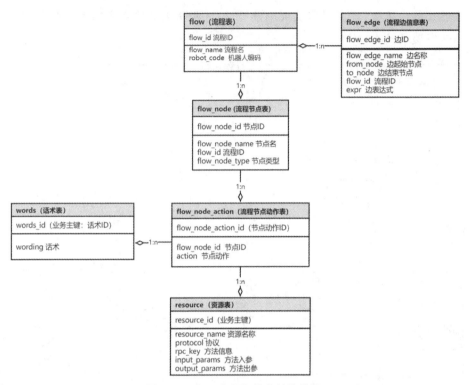

图 6-29　交互流程相关表结构设计

以上数据库建模可以认为是一个通用的场景以及交互流程的数据库设计，可以适用于所有的场景和场景的交互流程的存储。而对于预订火车票这个场景来说，只是在这个数据库结构下存储的数据。

6.4.2　场景数据配置

为了更深刻地理解场景的数据建模，接下来分析预订火车票的场景和交互流程是如何设计配置的，以及其数据是如何在上文提到的数据库中被存储的。图 6-30 所示是预订火车票的场景信息和对应的交互流程。

一起来看看该预订火车票场景是如何在图 6-28 和图 6-29 的表中进行存储的。先来看看场景表中的数据是怎么存储的。如图 6-31 展示了场景表中存储的该条数据。

对于场景表，这里重点讲一下场景触发方式和触发方式的值，对于预订火车票场景使用的是匹配方式的触发，客户输入"帮我订一张火车票""我想买去四川的火车票""怎么购买火车票""想订两张去乌鲁木齐的火车票"，都可以触发该场景。

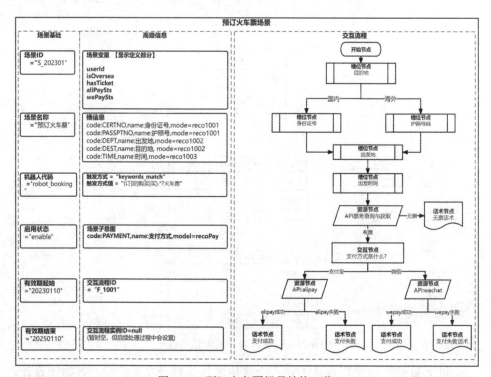

图 6-30　预订火车票场景结构一览

场景表（SCENE）

scene_id	scene_name	robot_code	enable_status	trigger_way	trigger_way_val	flow_id	period_start_time	period_end_time
S_202301	预订火车票	ROBOT_XJL	1	MATCH	(订|定|购买|买).*?火车票	F_1001	1/1/2023	1/1/2025

图 6-31　场景表数据一览

图 6-32 展示了预订火车票这个场景中的场景变量。

场景变量表（SCENE_VARIABLE）

scene_var_id	scene_id	scene_var_name	scene_var_desc	scene_var_expr
VAR_1100	S_202301	USER_ID	用户账号	#root.sceneVar.userId
VAR_1101	S_202301	IS_OVERSEA	是否海外地点	#root.sceneVar.isOversea
VAR_1102	S_202301	HAS_TICKET	是否有余票	#root.sceneVar.hasTicket
VAR_1103	S_202301	ALIPAY_STS	支付宝支付状态	#root.sceneVar.alipaysts
VAR_1104	S_202301	WEPAY_STS	微信支付状态	#root.sceneVar.wepaysts

图 6-32　场景变量表数据一览

需要注意的是，这些预定义的场景变量都属于"显示定义"的场景变量，是预先提前就已知会在整个场景流转过程中需要使用到的变量，比如贯穿整个场景全局的用户 ID，又或者为保存资源调用结果，并给予后续流程使用的变量。但在场景流程流转过程中，DST 的场景变量列表中维护的场景变量不仅包含这些"显式定义"的场景变量，还会有一些"隐式定义"的场景变量。隐式定义的场景变量有哪些呢？如场景子意图填充、槽位填充后的槽或子意图，都会统一写入 DST 中的场景变量列表，方便后续流转过程中使用。如图 6-33 所示为槽位信息表的数据。

场景槽信息表（SCENE_SLOTS）

scene_slot_id	scene_id	slot_code	slot_name	dict_id
SLOT_001	S_202301	CERT_NO	身份证号	dict001
SLOT_002	S_202301	PASSPT_NO	护照号	dict001
SLOT_003	S_202301	DEPT	始发地	dict002
SLOT_004	S_202301	DEST	目的地	dict002
SLOT_005	S_202301	TIME	出发时间	dict003

图 6-33　槽位信息表数据一览

当槽位填充后，系统会把 slot_code 作为变量名，填充的值作为变量值，写入 DST 的场景变量列表中维护。这些变量都会被认为是"隐式定义"的场景变量。数据中的 dict_id 是指识别该槽位的词典。图 6-34 描述了词典配置。

场景词典表（SCENE_DICTIONARY）

dict_id	dict_name	dict_recoway	dict_recoway_val
dict001	证件号实体识别	MODEL	model_ner_cert
dict002	城市识别	MODEL	model_ner_city
dict003	时间识别	MODEL	model_ner_time

图 6-34　词典配置表

如图 6-35 所示是场景子意图表中的数据呈现，该子意图是"客户的支付方式"，其可能的值为 wepay（微信支付）或 alipay（支付宝支付）。其识别方式为模型识别，其模型空间名为 model_payment。

场景子意图表（SCENE_SUB_INTENTS）

scene_intent_id	scene_id	intent_code	intent_name	option_vals	intent_recoway	intent_recoway_val
INTENT_001	S_202301	PAYMENT	支付方式	wepay,alipay	MODEL	model_payment

图 6-35　场景子意图表数据一览

6.4.3　交互流程数据配置

是不是觉得预订火车票的交互流程看起来有点复杂？实际上比起其他复

杂的金融业务场景，它已经算是非常简单了，现在就一起来看看这个相对"简单"的预订火车票的交互流程的数据在数据库中的存储。图 6-36 和图 6-37 所示是流程表和流程节点表数据。

流程表（FLOW）

flow_id	flow_name	robot_code
F_1001	预订火车票交互流程	ROBOT_XJL

图 6-36　流程表数据展示

流程节点表（FLOW_NODE）

flow_node_id	flow_node_name	flow_id	flow_node_type
NODE_01	开始	F_1001	BEGIN
NODE_02	目的地	F_1001	SLOT
NODE_03	身份证号	F_1001	SLOT
NODE_04	护照号	F_1001	SLOT
NODE_05	出发地	F_1001	SLOT
NODE_06	出发时间	F_1001	SLOT
NODE_07	票务查询接口调用	F_1001	RESOURCE
NODE_08	无票话术	F_1001	WORDS
NODE_09	支付方式	F_1001	INTERACT
NODE_10	ALI支付接口调用	F_1001	RESOURCE
NODE_11	WE支付接口调用	F_1001	RESOURCE
NODE_12	ALI支付成功话术	F_1001	WORDS
NODE_13	ALI支付失败话术	F_1001	WORDS
NODE_14	WE支付成功话术	F_1001	WORDS
NODE_15	WE支付失败话术	F_1001	WORDS

图 6-37　流程节点表数据展示

节点类型的表示中，BEGIN 代表开始节点，SLOT 代表槽位节点，RESOURCE 代表资源节点，WORDS 代表话术节点，INTERACT 代表交互节点。下面针对不同类型的流程节点，看其对应的节点动作表是如何配置 Action 的，它呈现了每个节点需要执行的动作。

1. 开始类型节点

如图 6-38 所示为 NODE_01"开始类型节点"在节点动作表中的记录。

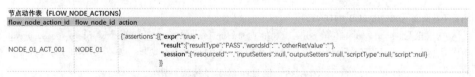

图 6-38　开始节点 NODE_01 的节点动作

从图 6-38 中可以看出，开始类型节点的 assertion 的 EL 表达式为 true，表示其判定条件为真，不需要做任何条件判定即可直接通过。其 resultType 也返回为 PASS。其他 ACTION 各属性无值。开始类型节点的动作可以说是所有类型节点中最简单的。

2. 槽位类型节点

如图 6-39 所示是"目的地"这个 ID 为 NODE_02 槽位节点的动作配置，槽位节点的目的是验证用户是否已经填槽，如果验证已填，则该节点通过；若未填，则推出反问话术，引导用户完成槽位填充。而判断是否已经填槽的标准是看场景变量中是否已有对应槽位的键值对。

节点动作表（FLOW_NODE_ACTIONS）		
flow_node_action_id	flow_node_id	action
NODE_02_ACT_001	NODE_02	{"assertions":[{"expr": "#root.sceneVar.containsKey('DEST')", "result":{"resultType": "PASS","wordsId":"","otherRetValue":null}, "session":{"resourceId":null,"inputSetters":[],"outputSetters":[],"scriptType":null,"script":null, "slotCode":"DEST","slotRequired":true}}]}
NODE_02_ACT_002	NODE_02	{"assertions":[{"expr":" ! #root.sceneVar.containsKey('DEST')", "result":{"resultType": "STAY","wordsId":"W_001","otherRetValue":null}, "session":{"resourceId":null,"inputSetters":[],"outputSetters":[],"scriptType":null,"script":null, "slotCode":"DEST","slotRequired":true}}]}

图 6-39　槽位类型节点"目的地"的节点动作

从图 6-39 可以看出，NODE_02 节点在节点动作表中有两条数据记录，分别对应两个不同条件的 assertion。在第 5 章曾讲到，一个节点可能存在多个 asserion，它们之间是"或"的关系，只要任意一个 assertion 条件能通过，则该节点的判断条件为通过，并获取该 assertion 对应的 result 和 session。

ID=NODE_02_ACT_001 的第一个 assertion 配置为：#root.sceneVar.containsKey ('DEST')，表示判断场景变量中是否包含名为 DEST 的场景变量键值对，若包含，则代表 assertion 条件通过，获取对应的 result 和 session，从 result 配置中可以看出，该节点直接返回结果 PASS，直接通过该节点；若不包含，则该节点不通过，若该节点存在多个 assertion，则继续执行下一个 assertion。

ID=NODE_02_ACT_002 的第二个 assertion 配置为：! #root.sceneVar.containsKey ('DEST')，表示判断场景变量中是否包含名为 DEST 的场景变量键值对，若不包含，代表 assertion 条件通过，获取对应的 result 和 session，从 result 配置中可以看出，该节点直接返回结果 STAY，代表流程停留在该节点，并抛出 id=w_001 的话术："客官，请告诉我您想去的目的地是哪儿？"其他的槽位类型节点类似，这里就不再一一赘述。

3. 资源类型节点

图 6-40 是资源类型节点"票务信息查询"的节点动作配置：

该节点的 assertion 条件为 true，代表直接通过并返回 PASS。重点需要关注的是资源节点的入参和出参部分。

图 6-40　资源类型节点"票务信息查询"节点动作配置

对于票务信息查询，inputSetters 为入参，有三个入参，分别是出发地、目的地、出发时间。

其配置表示的是，票务信息查询 API 的方法入参有三个，分别是 departure、destination、time。inputSetters 配置代表为给它们赋值可以从场景变量中取值，对应的场景变量名分别为 #root.sceneVar.DEPT、#root.sceneVar.DEST、#root.sceneVar.TIME。取到值后，就可以调用"票务信息查询 API"。通常说来，调用一个资源接口可能返回多个值，但可能该节点只需要众多返回值中的一个或几个。毕竟资源接口是第三方的，并不是只为该场景而生的，是一个通用的接口 API。故 outputSetters 设置即为此目的而生，用于指明需要 API 接口返回的具体出参。图 6-41 所示为票务查询接口 API 的文档说明：

```
/** 票务查询接口
    * @param TicketRequest:        String departure   出发地（必填）
    *                              String destination 目的地（必填）
    *                              Date time 出发时间（必填）
    *
    * @return  TicketResponse      Integer ticketInventoryLeft , 库存余票量
    *                              Integer  ticketInventoryCapacity,库存总量
    *                              Boolean ticketInventoryFlag   是否有库存余票
    */
TicketResponse ticketInventoryQuery(TicketRequest request);
```

图 6-41　票务查询 API 接口文档说明

该 API 资源入参三个，出参三个，节点动作中的配置为："outputSetters"：[{"param"："ticketInventoryFlag"，"expr"："#root.sceneVar.hasTicket"}]，表示从 API 返回的出参 ticketInventoryFlag 中取值，并赋值给场景变量 #root.sceneVar. hasTicket，用于后续流程使用。

4. 交互类型节点

如图 6-42 所示是交互类型节点"支付方式"的节点动作配置，心细的读者可以发现和"槽位类型节点"配置其实是非常相似的。配置了两条

assertion：第一条，场景变量中的 PAYMENT 为空，其返回结果为 STAY；第二条，场景变量中的 PAYMENT 不为空，则通过。区别在于因为大多数交互类型节点是用于和终端用户进行交互的，比如弹出单选框、复选框或者其他交互组件来与用户互动，其交互组件本质上是一段富文本（如图 6-43 所示的一段文本）配置到话术 ID 为 W_099 的话术中。拿"支付方式"交互节点来举例，当流程执行到这个节点，若用户未告知支付方式，则场景变量 PAYMENT 的值为空，满足条件，返回 STAY 并获取节点的 result 中的话术，然后推给终端用户一个单选框"请选择支付方式："，在用户点选并回到正在 RUNNING 的场景后，场景中的前置操作会进行场景变量的赋值，此时再次进入交互流程来到该节点上时，满足 PAYMENT 有值的条件，该节点就切换为 PASS，通过。

节点动作表（FLOW_NODE_ACTIONS）

flow_node_action_id	flow_node_id	action
NODE_09_ACT_001	NODE_09	{"assertions":[{"**expr**":"!#root.sceneVar.containsKey('PAYMENT')", "**result**":{"resultType": *"STAY"*,"wordsId":"W_099","otherRetValue":null}, "**session**":{"code":"PAYMENT"}}]}
NODE_09_ACT_002	NODE_09	{"assertions":[{"**expr**":"#root.sceneVar.containsKey('PAYMENT')", "**result**":{"resultType": *"PASS"*,"wordsId":"","otherRetValue":null}, "**session**":{"code":"PAYMENT"}}]}

图 6-42　交互节点类型的节点动作配置

```
<ptype code="interact_btn_payment" type="simple">
<p id="titleButtons"><strong> 请选择支付方式: </strong>
<br /><button> 微信 </button><button> 支付宝 </button></p>
</ptype>
```

图 6-43　话术 ID 为 W_099 的富文本话术配置

其中，话术 ID=W_099 对应的话术配置如下，因为这是一个与用户进行交互的单选框，故其话术配置是一个富文本形式的话术字符串。

5. 话术类型节点

如图 6-44 所示是话术类型节点"无票话术"的节点动作配置，其 assertion 判断为 true 代表直接满足条件，其返回结果为 PASS，则直接通过，获取并输出对应话术的话术 ID 为"W_072"的话术。

节点动作表（FLOW_NODE_ACTIONS）

flow_node_action_id	flow_node_id	action
NODE_08_ACT_001	NODE_08	{"assertions":[{"**expr**":"true","**result**":{"resultType":"PASS","wordsId":"W_072","otherRetValue":""}, "**session**":{"resourceId":"","inputSetters":null,"outputSetters":null,"scriptType":null,"script":null}}]}

图 6-44　话术节点类型的节点动作配置

6.5　本章小结

本章详细阐述了任务型 DPL 引擎如何通过流程推进场景的交互，从微观视角为大家介绍了场景流程推进的实现细节，同时结合持久层设计，让读者更深刻地去理解如何去构建一个任务型机器人。

## 第7章

对话管理：
其他应答DPL引擎

　　通过前面章节的学习，读者已经了解了在应答对话管理中如何处理任务型对话任务，如何实现与用户的多轮交互。本书第2章已经介绍过，除了任务型应答，还包含问答型应答、闲聊型应答以及推荐型应答，本章的主要目的是让读者了解其余三种应答类型的主要实现方式。

7.1 问答型 DPL

问答型 DPL 主要提供在垂直领域与用户一问一答的交互，问答型 DPL 主要通过基于规则、FAQ 知识图谱中存储的有价值的业务信息，同时结合自然语言理解处理结果，为用户提供具有语义理解的垂直领域答案。

7.1.1 基于规则问答

1. 两种规则策略

一种较为简单直接的方式是通过规则来匹配用户的问题，进而给出针对用户问题的答案。规则可以基于用户问题文本匹配或基于用户问题语义匹配。不同的规则之间可以构建成规则链或者规则树，甚至这两种方式的组合，进而实现更为复杂的规则策略。

1）基于问题文本的匹配策略

基于问题文本的匹配策略主要匹配的内容是用户的问题本身，如用户问题本身包含某些敏感词、业务关键字，也可以直接匹配固定的问题等，如图 7-1 所示。

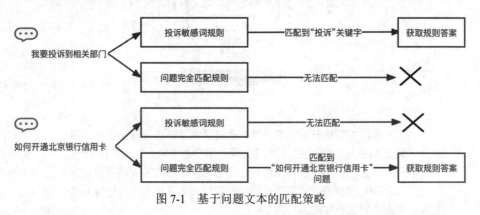

图 7-1 基于问题文本的匹配策略

如图 7-1 所示，如果用户的问题命中了投诉相关敏感词，则直接获取规则配置的答案。如果用户的问题与配置的问题完全匹配，则直接获取对应的答案进行回答。

2）基于问题语义的匹配策略

基于问题语义的匹配策略主要匹配的内容是用户问题在自然语言理解中所挖掘的语义信息，如用户问题所属的领域、意图、情绪等，如图 7-2 所示。

图 7-2　基于问题语义的匹配策略

图 7-2 中当用户问题中所包含情绪语义信息为"害怕"，会命中负面情绪规则，进而获取到负面情绪规则配置的相关答案。

基于问题文本的匹配策略与基于语义的匹配策略可以结合使用。"北京银行信用卡还款咨询"相关规则，其中要求语义匹配，领域为"信用卡"，意图是"还款方式"，文本匹配关键字为"北京银行"。如用户的问题文本和语义均满足上述两个条件，则可以匹配到"北京银行信用卡还款咨询"这一规则，如图 7-3 所示。

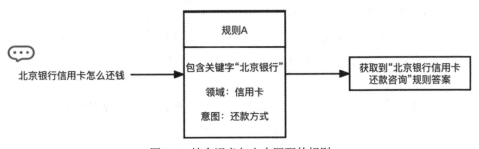

图 7-3　结合语义与文本匹配的规则

2. 两种管理规则的结构

通常来说应答系统会包括多个规则，在完成各规则的配置后，需要通过一种结构将各个规则管理起来。接下来介绍两种管理规则的结构，分别是规则链和规则树。

1）规则链

规则链的匹配方式主要通过链表这种数据结构将各个规则串联起来，进而进行规则匹配。用户的问题依次通过链表的各个规则节点，匹配链表节点上配置的各种规则，同时规则链上不同规则节点也可以按照优先级来进行排列，每个规则都会有对应的规则答案，如果匹配到了对应的规则则返回对应的规则答案。

如因业务需求，需要通过规则的方式来应答用户问题，规则优先级从高到低分别是用户敏感词、负面情绪负责、问题完全匹配规则。此时可以将这三个规则按照优先级放到规则链上，如图 7-4 所示。

图 7-4 中，当用户问题经过规则链时如果用户问题能够匹配规则链上节点规则，则直接跳出匹配流程，获取对应规则节点答案。

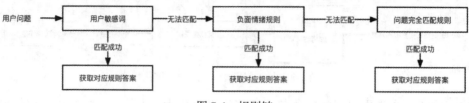

图 7-4　规则链

规则链的优势在于结构简单，适用于规则较少或者规则之间较少有相互依赖重叠的情况。当规则较多且规则之间有相互依赖重叠的情况时，使用规则链会让管理维护规则的成本变得较高。如上文提到的匹配"北京银行信用卡还款方式"规则中，需要匹配的关键字是"北京银行"，此时可能还需要有各种不同银行的还款规则，其中它们的领域与意图均需要匹配"信用卡"与"还款方式"，但是不同的是需要匹配的关键字不同，如"杭州银行""上海银行"等。如果通过规则链去串联这些规则，从执行效率或者规则维护上都会带来了一些挑战。接下来介绍一种规则树的方式来解决上述问题。

2）规则树

规则树是将各个规则通过树这种数据结构构建起来，其规则有多层，同时规则配置的答案在叶子节点上，如图 7-5 所示。

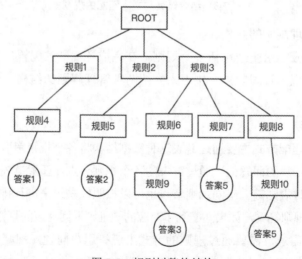

图 7-5　规则树整体结构

图 7-5 中，通过上述结构将规则分为多层，在用户问题匹配规则树时从上到下遍历规则树的每一层，当遇到匹配的规则后再去匹配该规则节点的子节点，如此往复直到命中叶子节点规则，最终获取叶子节点上的规则配置答案。

如上文提到的规则"北京银行信用卡还款方式"，可以将其按照领域、意图、关键字规则分为三层。这样类似的规则均可以通过规则树来表示，如图 7-6 所示。

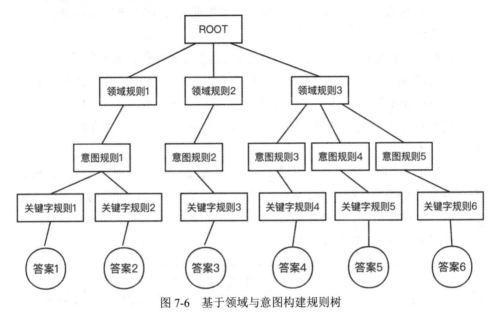

图 7-6　基于领域与意图构建规则树

如图 7-6 所示规则树将领域与意图作为规则树的前两层，这种规则结构可以方便管理某个固定领域与意图下的问答规则。

规则树通过层级结构的方式来组织各个规则，对于一些有复杂组合关系的规则来说便于人理解与管理。无论是规则树还是规则链，这种基于规则的方式通过比较直观的方式让人能够理解其中的运行细节，能够灵活地对应答流程进行调整。

基于规则的方式也有着明显的缺点，首先这些规则的设计需要对应答业务有深入的了解，同时也很耗时。配置复杂的应答系统所需要的规则可能非常具有挑战性，这些规则通常需要大量的分析和测试。同时基于规则的应答系统也难以维护并且不能很好地扩展，因为添加新规则会影响预先存在的规则结果。

7.1.2　基于 FAQ 问答

FAQ（Frequently Asked Question）可以理解为经常被问到的问题或者常见问题，单个 FAQ 通常由一问一答组成。

如对于一个售卖产品的商家来说，通过梳理归纳用户使用产品时经常遇到，但用户自己却无法解决的各类问题，并给出对应的答案，将这些常见问题以及答案沉淀下来就成为这个商家的 FAQ 集合。商家可以把这个 FAQ 集合发布到自己的网站上让用户选择，这样用户可以通过点击对应的 FAQ 来自助解决自己遇到的问题。

随着业务的发展，商家的产品功能越来越丰富、种类越来越多。此时商家沉淀的 FAQ 可能会达到数万个，光靠用户自己在数万个 FAQ 中去选择需要的就会显得不切实际。此时商家会想到做一个搜索 FAQ 的功能，让用户在搜索框去搜索 FAQ 的问题，通过关键字匹配问题的方式去匹配对应的 FAQ 问题进而获取 FAQ 答案。

用户在搜索问题的时候会发现，同样一个问题如果换一种问法就无法搜索到所需要的 FAQ。一般来说 FAQ 的问题都是十分标准的，使用的是比较书面的描述，如果要求用户输入的问法与 FAQ 问题的描述一样，对用户来说会显得比较苛刻。如图 7-7 所示。

图 7-7　用户描述与 FAQ 不匹配

图 7-7 中对于"如何使用在线支付方式"这个问题，用户如果输入"如何直接在网上给钱呢"，因为两者在文本上不同，是无法正确匹配的。为了解决此类问题，一种方式是通过扩写 FAQ 的问题的问法来完成。如针对于"如何使用在线支付方式"这问题，可以扩展出多种问法，如"如何直接在网上付款""如何直接在网上给钱"等。

对于那些基于原有 FAQ 问题扩写出来问题，称为 **FAQ 相似问题**（下文简称为"相似问题"）。而原有 FAQ 问题称为 **FAQ 标准问题**（下文简称为"标准问题"）。标准问题一般是对一个问题较为正式的描述，如之前提到的"如何使用在线支付方式"，而相似问题可以是较为口语化的描述，目的是罗列出针对一个标准问题的更多不同的问法，使得这些问法能让用户的问题匹配到，进而推出对应的答案，如图 7-8 所示。

图 7-8 中，用户在输入需要搜索的问题后，可以通过搜索标准问题以及相似问题来扩大用户输入问题匹配问题的范围，增加命中 FAQ 的概率。

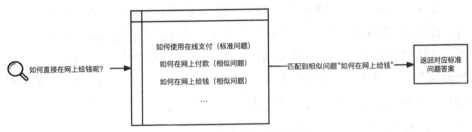

图 7-8　通过扩写标准问题匹配输入

　　通过同时搜索相似问题与标准问题能够一定程度上帮助用户获取答案，但是仅仅通过文本匹配的方式去匹配目标问题的缺点也是很明显的：用户对于一个问题的描述多种多样，相似问题无法完全覆盖标准问题的所有问法。为解决这个问题，可以通过引入深度学习的方式，让用户的问题在特征与语义上去匹配标准问题。下面介绍两种基于深度学习的方式，分别是 FAQ 分类与 FAQ 检索。

1. FAQ 分类

　　FAQ 分类主要是基于文本分类这一自然语言处理中的基本任务来完成，其主要目的是将用户输入的问题通过分类模型的处理，归类为某个标准问题，如图 7-9 所示。

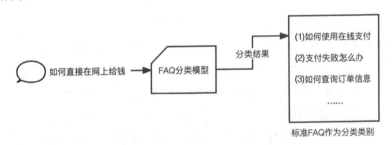

图 7-9　基于 FAQ 分类方式应答

　　图 7-9 中用户的问题通过 FAQ 分类后会被归类为右侧已经梳理归纳好的标准问题中。FAQ 的分类方法可以采用基于规则加上深度学习的混合方式来完成。

　　1）基于规则的 FAQ 分类

　　基于规则的分类方式是通过人工设计一些规则将用户问题分类为相应的标准问题，可以使用规则链或者规则树来进行规则构建，最简单的一种文本分类方式就是用户的问题完全匹配相似问题或者标准问题。将用户的问题与所有的标准问题和标准问题下相似问题进行匹配，如果完全一致则将用户的问题归类为对应的标准问题。

　　除了最简单的完全匹配规则外也可以通过人工提取问题的特征来设计规则，如通过提取问题的领域以及意图特征来完成对于标准问题的分类。

　　基于规则的分类方式虽然带来了调整分类策略的灵活性，但是如果规则较为复杂，在维护上对人员业务水平要求较高且十分耗时。为了避免手动配置FAQ分类规则逐渐膨胀导致维护成本增高，可以通过结合深度学习的方式来进行标准问题的分类。

　　2）基于深度学习的FAQ分类

　　使用深度学习的方式不依赖手动定制的规则，而是通过训练学习过去的大量分类结果数据来完成，训练过程如图7-10所示。

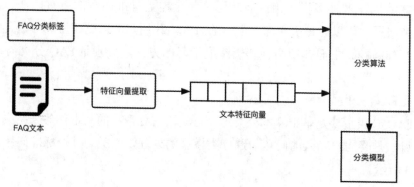

图 7-10　FAQ 分类训练过程

　　图7-10中，FAQ标准问题分类的第一步是将标准问题或相似问题进行特征提取：通过一种方式将每个文本转换为向量形式的数字表示。文本向量方式有很多，这里举一种较为简单的词袋模型，如果一个字典包含以下词语｛今天，明天，天气，晴，如何，怎么样，不知道，真好｝，则要对文本"今天天气真好，不知道明天天气怎么样"进行向量化，可以根据句子中的不同词语出现的次数在这个词在词典中的位置来表示，如"天气"这个词在句子"今天天气真好，不知道明天天气怎么样"中出现了两次，而天气在词典中出现在第三个位置，那么对应向量的第三个位置就是2。按照上述方法"今天天气真好，不知道明天天气怎么样"这个句子的向量为$(1,1,2,0,0,1,1,1)$，这种方式被称为词袋模型。更多文本向量化的内容会在本书的第9章进行详细的讲解。完成文本的向量化之后，再将文本向量与对应的FAQ分类标签成对地输入深度学习算法中，进而完成训练并输出FAQ分类模型。

　　在获取到分类模型之后，就可以对输入的用户问题进行标准问题的预测了，预测的流程如图7-11所示。

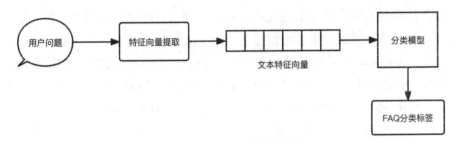

图 7-11　FAQ 分类预测过程

如图 7-11 所示，输入的问题使用与训练同样的文本向量化方式转换为向量的形式。然后可以将其输入到分类模型中以获取对标准问题的预测。

使用深度学习的方式进行文本分类，在有大量训练集且复杂的 NLP 分类任务上比人工维护的规则分类要准确得多。另外因为始终可以标记新数据以学习新任务，深度学习的分类器在复杂的分类任务上更易于维护。

3）基于规则与深度学习的混合分类

上文提到，基于规则的分类方法能够通过较为直观的方式来调整标准问题的分类。对一些基于深度学习输出的分类模型未能够正确识别的分类，可以添加适当的规则来微调分类模型的输出，如图 7-12 所示。

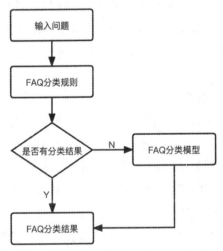

图 7-12　模型与规则结合的 FAQ 分类

2. FAQ 检索

上文介绍了通过分类模型来找到最契合用户问题的标准 FAQ 问题，同时也提到了分类模型会随着训练数据越来越多效果越来越好，但是训练数据不足的情况下，使用分类算法的效果就会大打折扣。同时在业务快速发展时期，每天都会有较多的新的 FAQ 标准问题产生，如果仅仅使用分类模型，每次新增 FAQ 标准问题后需要训练新的模型，否则分类模型无法输出新的标准问题分类。在一些对实时性要求较高的场景中，如突然产生的批量的业务问题，需要立即新增 FAQ 给用户解决方案，通过 FAQ 分类模型的方式就不太合适了，因为需要重新训练分类模型以新增刚添加的 FAQ 标准问题分类。

使用 FAQ 检索的方式可以较好地解决上述问题，FAQ 检索的目的是在所有的 FAQ 标准问题与相似问题中查找到最匹配用户问题的前一条或者几条标准问题或相似问题。要判断用户的问题是否与候选的 FAQ 问题最匹配，常常通过给待检索的问题打分并进行排序的方式来实现。在待检索问题数量不多或者对每个问题打分策略不复杂的情况下，对全量的待检索问题打分是可行的。在待检索问题较多同时打分计算逻辑较为复杂的情况下，对每一个待检索的问题均进行打分需要耗费较多的计算资源。针对这种情况，可以通过提前过滤部分待检索的问题，减少打分的待检索问题数量，降低计算复杂度，这一步称为 FAQ 召回。对召回后的 FAQ 再使用进一步的排序以及重排策略。

1）FAQ 召回

FAQ 召回的主要目的是从全量的 FAQ 标准问题与相似问题集合中，找到潜在的能够与用户问题匹配的标准问题或相似问题。因为召回的目标问题集常常比较大，所以召回本身策略不能够过于复杂，下面介绍两种常见的召回方式。

（1）基于文本匹配的方式。

FAQ 召回较为简单的一种策略是基于文本匹配的方式。如何去衡量文本的匹配程度呢？在一个 FAQ 问题中出现的每个词语对于这个问题的重要程度是不一样的，比如对某个问题"我的北京银行卡信用卡支付失败应该怎么办"，"北京银行""信用卡""支付""失败"这几个词语的重要性就需要大于"我""的""应该""怎么办"。对问题中的词语的重要程度进行评估，可以使用 TF-IDF 算法，该算法认为如果某个词在某文档中出现的频率高，并且在其他文章中很少出现，则认为此词或者短语具有很好的类别区分能力。类似衡量文本匹配程度的算法还有 BM25，这里就不做展开讲解了。

除了有针对 FAQ 标准问题与相似问题文本本身匹配的召回方式外，还有可以针对 FAQ 的标签的召回方式，如通过匹配用户问题与 FAQ 的分类来进行召回。

（2）基于语义匹配的方式。

通过文本匹配的方式进行 FAQ 召回在语义的泛化能力上存在一定的缺陷，如"支付失败"与"无法进行支付"在语义上是类似的，但是在文本的表述上会有一定的差异。在进行 FAQ 召回的时候需要将语义上相似的 FAQ 也进行召回。

一般来说基于语义的召回都是将用户问题与待召回的 FAQ 问题通过向量来进行表示。然后在向量空间中针对用户的问题进行搜索，找到与用户问题向量距离上最为接近的 FAQ 问题，完成语义的召回。

2）FAQ 排序

完成了 FAQ 召回之后，此时 FAQ 的候选集合可能会有数百个。此时需要使用排序策略进一步对候选的 FAQ 问题进行处理，找到最适合回复客户的那个 FAQ。可以通过基于深度学习的排序模型来完成对候选 FAQ 的排序，本书第 9 章会详细介绍具体的算法模型知识。

3）FAQ 重排

完成了 FAQ 的精排之后，会得到排序得分较高的 FAQ 标准问题与相似问题列表。因为机器人回复的内容是基于标准问题 FAQ 进行回答，可以直接取第一条分数最高且满足阈值要求的 FAQ 标准问题或者 FAQ 相似问题对应的标准答案回答客户。

如果发现最高分没有达到阈值要求，此时会根据重排策略选择返回 3~5 条标准 FAQ 给用户，为提升返回 FAQ 的质量，返回给用户的多条 FAQ 需要考虑以下几个方面的因素：相同的 FAQ 标准问题只给用户返回一条；FAQ 的类别要具有多样性，多条 FAQ 要尽可能地包含不同的领域与意图分类；推出的FAQ 中需要包含一些当前用户问题所属领域与意图中的热点问题，如图 7-13所示。

用户问题是"我的信用卡额度是和白条共享的吗？可以提升吗？"。针对该用户问题在对 FAQ 进行排序后的结果包含了 7 个 FAQ 标准问题与相似问题，首先将这些问题统一映射为对应的 FAQ 标准问题，图 7-13 中将 7 个不同的 FAQ 问题映射到了 3 个 FAQ 标准问题。映射完成之后发现前两条 FAQ 均是同样领域"信用卡"的 FAQ，为了让排序靠前的领域尽可能地丰富，将"白条"领域的 FAQ 重排到了前面，同时该用户问题的领域识别结果是"信用卡"，结合"信用卡"领域下的热点问题，最终 FAQ 的排序结果如图 7-13 右侧所示。

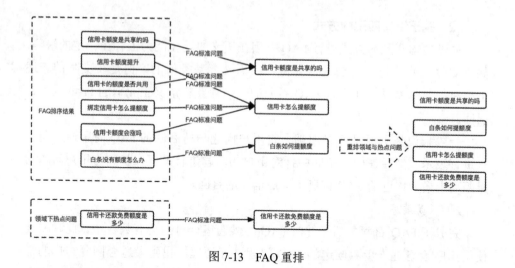

图 7-13　FAQ 重排

7.1.3　基于知识图谱问答

上文主要介绍通过基于 FAQ 来解决用户的问题，在一些如查询不同产品之间的关系、属性信息的场景下，通过知识图谱来获取答案信息会更加合适。

知识图谱是一种语义网络，其本质是基于图的一种数据结构，语义网络由节点和边组成。其中节点代表实体或者概念，边代表实体或者概念之间的各种语义关系，语义网络的最小单元通常可以由以下两类三元组来表示：

【实体】-【关系】-【实体】

【实体】-【属性】-【值】

如某个名字是张三的人的属性与关系三元组有以下信息：

【张三】-【性别】-【男】

【张三】-【年龄】-【32】

【张三】-【身高】-【张三】

【张三】-【工作于】-【京东】

【张三】-【工作于】-【阿里】

【张三】-【毕业于】-【中国人民大学】

通过上述三元组信息转换为图的边和节点的形式来表达，可以形成如图 7-14 所示的语义网络。

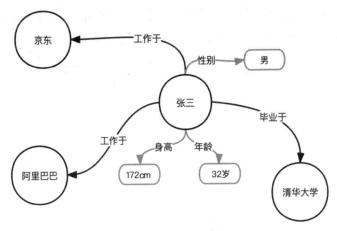

图 7-14　语义网络实例

语义网络为知识的表达提供了一种很好的形式，但是语义网络本身没有过多的约束，可以随意地给语义网络中添加不同关系以及属性。如可以为张三添加一条喜爱的电影明星的关系，或者添加一条喜欢音乐的关系，甚至添加一条【京东】-【性别】-【男】这样的在现实世界中不存在的三元组信息，不断地添加各类关系与属性会导致语义网络不断地膨胀，同时会引入一些在实际应用中不需要的或者错误的关系和属性。

为了避免语义网络可以任意添加关系与属性的情况发生，知识图谱引入了本体的概念来对语义网络所呈现的关系进行一层抽象与约束。

如图 7-15 所示，在现实世界中张三工作于阿里巴巴，毕业于清华大学，身高是 172cm。通过上述这些信息对现实世界中的信息做以下抽象："人"工作于"公司"，毕业于"院校"，有"身高"这个属性。在基于这一层约束构建语义网络中，就不会出现公司拥有性别这种超出抽象范围的信息。

上述这种基于现实世界中具体的实物，以及它们之间的关系与属性，称为**实体**。如张三工作于阿里巴巴。

在实体层之上，用于实体层存在形式的抽象概念的描述，表示各种实体概念、关系以及属性之间规范的说明，称为**本体**，是知识图谱的 schema。

本体的作用是对知识进行约束，确保知识的质量。相当于知识图谱的"骨架"（概念与概念属性），实体则是知识图谱的"肉"（实体与实体属性）。

如图 7-15 所示，左侧是本体结构，包含人、公司和院校信息以及它们的关系以及属性；右侧表示在左侧本体结构约束下的实体结构，右侧实体结构中出现的实体、关系、属性信息均需要在左侧本体结构中找到对应本体信息。此时如果需要向右侧实体结构中新增【张三】-【喜欢电影】-【《阿凡达》】这样一个三元组信息，受到本体结构的约束则无法添加成功。

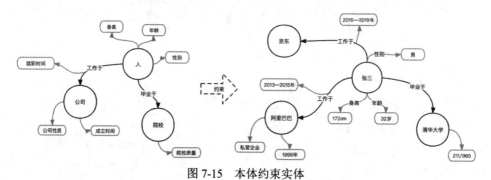

图 7-15　本体约束实体

1. 本体描述语言

上文所提到的本体信息需要通过一种方式来描述，这里介绍一种能够描述本体信息语言的语言 OWL（本体描述语言）。OWL 除了能够描述本体语言，还提供了其他很多功能。包括本体之间的关系、关系特征（例如"仅一个"）、等式、属性、属性特征（例如对称性）等，这里不对 OWL 其他特性做详细说明，读者如有需要可以参考 OWL 官方网站。如图 7-16 所示为 OWL 所描述的本体层与实体层的关系。

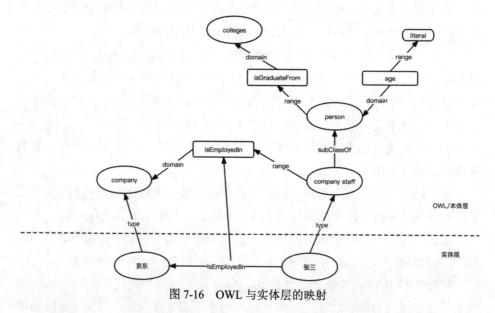

图 7-16　OWL 与实体层的映射

在图 7-16 中 OWL 定义的本体层定义了各个本体之间的关系，如公司雇员

（company staff）可以被公司（company）雇用（isEmployedIn），同时公司雇员（company staff）从属于人（person），人（person）毕业于（isGraduateFrom）高校（college），同时拥有属性年龄（age），年龄的值用一个字符串（literal）来表示。在实体层张三的类型对应于本体层的公司员工，京东对应于本体层的公司（company），张三与京东之间的关系对应于本体层的被雇用（isEmployedIn）。

2. 知识图谱的构建

为了从不同的来源以及不同的结构的数据中获取知识并且存入知识图谱，涉及知识抽取与知识融合，知识图谱构建流程如图 7-17 所示。

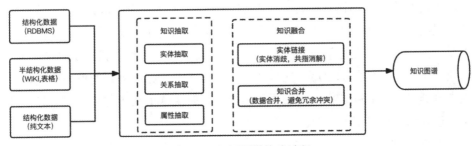

图 7-17　知识图谱构建过程

1）知识抽取

知识抽取的数据源主要可以分为三种类型：结构化数据、半结构化数据、非结构化数据。结构化数据主要如数据库中的数据，半结构化数据主要如带有一定格式的 wiki、表格等数据，非结构化数据主要如纯文本数据。知识抽取的例子如图 7-18 所示。

陈明，男，汉族，19××年9月12日出生于上海市，祖籍江苏省苏州市。父亲陈源；母亲王丽。

陈明	性别	男
陈明	生日	19××年9月12日
陈明	祖籍	江苏省苏州市
陈明	父亲	陈源
陈明	母亲	王丽

图 7-18　知识抽取样例

知识抽取可以分为实体抽取、关系抽取、属性抽取。

- 实体抽取：主要目的是从文本中检测出实体信息，并且将其归入预定义的分类中，如人物、地点、时间等。如图 7-18 中人物：陈明，时间：

19××年9月12日，地点：江苏省苏州市。

- 关系抽取：主要目的是获取实体与实体之间的关系，如陈明的父亲是陈源，能够识别出陈明与陈源是父子关系。
- 属性抽取：主要目的是从文本中获取特定实体的属性信息，图7-18中的实体是陈明，从给出的文本中可以获取到陈明的性别是男，生日是19××年9月12日。

2）知识融合

在获得新知识之后，需要对其进行整合，以消除矛盾和歧义，比如同样一个表达可能会指代不同的实体，也有可能一个实体出现多个表达，大量的共指问题可能会给知识图谱的构建带来问题。比如"她毕业于中国人民大学"，如果这里的代词"她"在句子出现但并没有明确指明是哪个女性毕业于中国人民大学。共指问题就是需要通过上下文信息来确定"她"到底指的是哪个女性。解决这个问题需要分析前后文的语境，可能需要依赖先前提到的信息或其他线索来推断"她"的确切指代。如果不能准确地解决这个共指问题，就会导致歧义，使知识的抽取变得困难。

3. 知识推理

知识推理的主要目的是通过已有的知识来推断出未知知识的过程，知识图谱的推理主要围绕图谱中的关系展开，围绕图谱中已有的事实或者关系，图7-19所示为从图谱的现有信息推断出人物之间的关系。

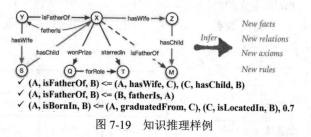

✓ (A, isFatherOf, B) <= (A, hasWife, C), (C, hasChild, B)
✓ (A, isFatherOf, B) <= (B, fatherIs, A)
✓ (A, isBornIn, B) <= (A, graduatedFrom, C), (C, isLocatedIn, B), 0.7

图7-19 知识推理样例

如图7-19所示，可以通过 (A, hasWife, C) 与 (C, hasChild, B) 推断出确定性关系 (A, isfatherOf, B)，同时也可以通过 (A, graduatedFrom, C) 与 (C, isLocatedIn, B) 推断出有可能出现的关系：(A, isBornIn, B)。

4. 知识问答

知识问答的主要目的是将用户的问题通过自然语言理解后在知识图谱中寻找答案，下面介绍一种事实性类问题的查询答案的方法。

事实性客观问题将用户的问题分为三类。

- 询问实体的定义信息，如"张三的基本信息""清华大学怎么样"。
- 询问实体属性，如"张三性别是什么""阿里巴巴是私营企业么吗"。
- 询问实体关系，如"张三毕业院校是哪里""张三目前在哪里工作""阿里巴巴工作的人还有哪些"。

当用户问题进入图谱处理模块后，会首先对用户问题进行本体识别、属性识别、关系抽取。解析完毕后在本体层中去定位问题的本体路径，定位问题的本体路径完成后通过进一步转换为实体查询语句，在实体层中获取答案。

如用户询问"张三毕业院校是哪里"，会在本体层抽取出如图 7-20 所示的路径。

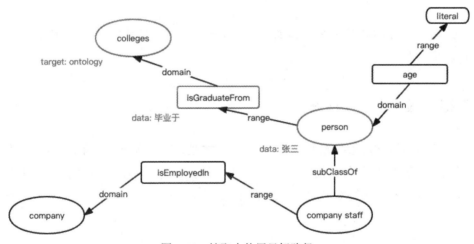

图 7-20　抽取本体层目标路径

完成本体路径后通过进一步转换为实体查询语句，在实体层中获取答案。如实体层通过 neo4j 数据库进行存储，可以转换为以下查询语句进行查询。

MATCH(m:CompanyStaff{name:'张三'})-[r：isGraduateFrom]->(n)
RETURN n;

7.2　闲聊型 DPL

闲聊型 DPL 与上文所介绍的问答型 DPL 的主要目的不同，闲聊型 DPL 主要面向的是开放领域的问答，当用户问题属于开放领域时用户的问题会被交由闲聊型 DPL 处理并且生成答案，如图 7-21 所示。

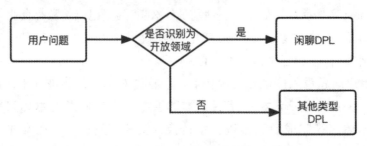

图 7-21　进入闲聊 DPL 条件

图 7-21 中，用户问题通过自然语言理解（NLU）识别出"开放 / 垂直领域"结果，如识别分类为"开放领域"，则通过闲聊型 DPL 来对用户问题进行处理。

接下来介绍两种闲聊实现的方式，分别是检索型闲聊应答与生成式闲聊应答。

7.2.1　检索型闲聊应答

检索型闲聊应答策略与 FAQ 检索策略类似，同样预先配置闲聊 FAQ 标准问题与闲聊 FAQ 相似问题，然后再通过对闲聊 FAQ 的召回与排序两部分来获取用户问题的闲聊答案，如图 7-22 所示。

图 7-22　检索型闲聊应答流程

1. 闲聊 FAQ 召回

闲聊 FAQ 召回的主要目的，是从全量的闲聊 FAQ 标准问题与相似问题集合中找到潜在的能够与用户问题匹配的标准或相似问题。召回策略同样也可以使用基于文本与语义的多路召回方式，如图 7-23 所示。

如图 7-23 所示，闲聊使用文本召回与语义向量召回方式获取到的召回数据结果，完成召回后进入召回数据排序处理流程。

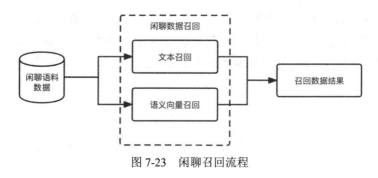

图 7-23　闲聊召回流程

2. 闲聊 FAQ 排序

与 FAQ 排序类似，完成了闲聊 FAQ 召回之后，也可以通过基于深度学习的排序模型来完成对候选闲聊 FAQ 的排序，第 9 章会详细介绍具体的算法模型知识。

7.2.2　生成式闲聊应答

基于生成式闲聊的处理方式是机器人在收到用户输入的句子后，通过技术处理生成一句话作为答案。与此类似并且应用较早的是在机器翻译场景中，将一种源语言作为输入转换为另外一种语言，生成式闲聊与之类似，只不过生成的不是针对问题的另外一种语言而是问题的回复。

与上文提到的检索型闲聊应答策略不同的是，基于检索的应答策略的所有回复答案都是基于提前配置的闲聊 FAQ，而生成式闲聊策略返回的答案不用预先设置，随之带来的好处是在开放性的闲聊场景中生成式的方式能够覆盖更多的场景。在开发式闲聊场景中用户的问题是无法限制在某个范围内的，通过维护闲聊 FAQ 来覆盖所有的用户闲聊场景需要非常大的工作量，而生成式闲聊应答策略能够覆盖用户所有的问题场景。但生成式闲聊应答的缺点是返回用户的答案质量可能会存在如语句不通顺、答案不可控等语法问题。其中一个例子是微软小冰在学习了大量公开的对话信息后，出现了歧视、辱骂等不良的应答内容。

通常情况下生成式的闲聊模型是通过构建端到端模型的方式来完成的。该模型依赖从海量的对话中学习到问题与答案的关系，如图 7-24 所示。

在使用端到端模型处理用户闲聊问题的时候，如果将问题的每一个词语都认为具有相同的权重是不合理的，如"今天天气如此的好也无法掩盖我悲伤的心情"，这句话的重点并不是说今天天气好，而是在表达悲伤的情感。为了找到更能够体现句子表达含义的词语，考虑将注意力机制引入编解码模型中，引入注意力机制的编解码模型如图 7-25 所示。

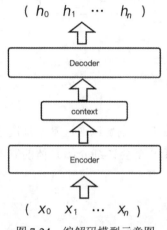

图 7-24　编解码模型示意图

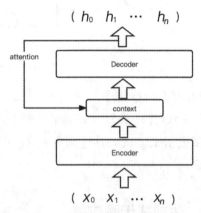

图 7-25　加入注意力机制的编解码模型

引入注意力机制后，能够增强神经网络输入数据中某些部分的权重，同时减弱其他部分的权重，通过此种方式可以将神经网络的关注点聚焦于数据中最重要的一小部分。针对"今天天气如此的好也无法掩盖我悲伤的心情"这句话，模型重点关注的部分应该是"我悲伤的心情"这部分。

最近 OpenAI 公司发布的 ChatGPT 也是一种生成式的开放领域问答系统，其拥有即兴创作技巧，包括编写和调试计算机程序的能力；创作音乐、电视剧、童话故事和学生论文创作诗歌和歌词的能力等，部分能力如图 7-26 所示。

ChatGPT 模型训练分为 3 个阶段。

（1）训练监督策略模型。为提高模型回复质量，首先会在数据集中随机抽取问题，由人工标注员，给出高质量答案，然后用这些人工标注好的数据来微调初始模型。

（2）训练奖励模型。这个阶段通过在数据集中随机抽取问题，使用第一阶段生成的模型，对抽取的问题生成多个答案，通过人工标注的方式对生成的多个答案的准确度进行排序，用于训练奖励模型。

（3）优化奖励模型。使用近端策略优化不

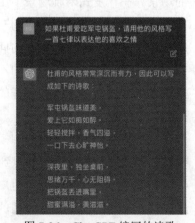

图 7-26　ChatGPT 编写的诗歌

断迭代对模型进行微调。

可以看出 ChatGPT 在候选答案生成之后加入了奖励机制来进一步提升回答的准确性。

7.3 推荐型 DPL

推荐型应答与闲聊型应答和问答型应答的主要区别是，推荐型应答通常是应答系统主动发起，在与用户的交互方式与上文提到的应答处理基于一问一答的方式不同。如图 7-27 所示为推荐型应答触发场景。

如图 7-27 所示，当用户进入应答页面后还没有提出具体问题，机器人会主动给用户推送一些问题。由于此时机器人还没有和用户产生交互，为了能够尽可能准确地给用户推荐问题，可以从不同维度获取推荐所需信息，之后通过推荐模型输出最终结果。推荐型应答整体流程如图 7-28 所示。

图 7-27 推荐型应答场景示例

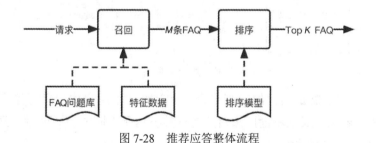

图 7-28 推荐应答整体流程

如图 7-28 所示，整个推荐应答流程与上文介绍的 FAQ 检索流程类似，整体分为召回、排序两个阶段。

7.3.1 召回阶段

为了提升推荐内容的准确性，在召回阶段会获取多个维度的信息，不同推荐场景下获取的数据会有一些差异，这里列举三种维度的信息，分别是用户画像特征、场景特征、FAQ 特征，如图 7-29 所示。

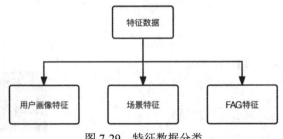

图 7-29　特征数据分类

1. 用户画像特征

用户画像是一种标签化的用户模型，简单地说，就是给用户打上标签，这些标签是通过对用户的偏好、业务属性、行为等信息的抽象而得出。通过将用户标签化能够高度精练描述用户某类特征，如图 7-30 所示。

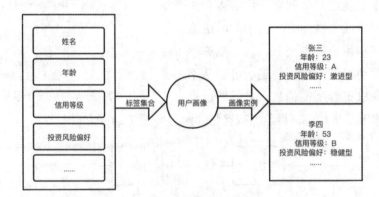

图 7-30　用户画像实例

图 7-30 的左侧是画像的标签集合，针对每一个用户均使用标签集合中的标签来进行刻画，对于不同用户对应的标签值均是不同的，通过对不同的用户进行标签刻画能够做到用户的千人千面。

然而标签并不是越多越好，需要根据不同的使用场景设计有针对性的用户画像标签体系，比如在金融领域用户偏爱的菜系是川菜还是粤菜的重要程度比用户的信用等级是优还是良会低很多。如图 7-31 所示是一种金融领域的标签体系设计方式。

图 7-31 中，用户画像标签体系分为 3 类，分别是用户基础标签、用户业务标签、用户行为标签。

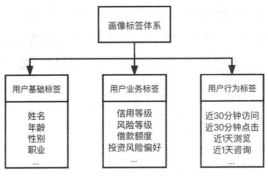

图 7-31   画像标签体系分类

（1）用户基础标签。用户基础标签表示用户自身客观存在的一些特征，比如姓名、年龄等，相对来说比较稳定。

（2）用户业务标签。用户业务标签表示与业务场景相关的一些主观的特征，比如按照业务规则评定的信用等级、风险等级、借款额度等。业务标签存在一定的主观变动的因素，会随着业务规则或者用户行为而发生变化。

（3）用户行为标签。用户行为标签追踪用户在页面轨迹或者业务上的近期动作，变动最为频繁。如用户在页面上近 30 分钟的轨迹信息、停留时间、最近询问过的问题等。用户最近的行为往往能够体现出用户最近关注什么样的业务信息。

2. 场景特征

场景特征表示用户在触发推荐操作的时候所处的场景是什么样的，包括客观场景与业务场景。客观场景包括当前用户咨询的地点、时间、使用终端类型等信息。业务场景包括当前用户所处页面信息（如借款页面、还款页面等）。如用户在移动端出发推荐应答，推荐内容会更偏向于移动端的处理流程而不是PC 端的处理流程，用户在借款页面触发推荐应答，借款相关的 FAQ 推荐权重相比于其他 FAQ 会高一些。

3. FAQ 特征

每个 FAQ 拥有自己的特征标签，FAQ 的特征标签可以分为静态标签与动态标签两种，如图 7-32 所示。

如图 7-32 所示，静态标签主要是 FAQ 静态特征，如 FAQ 所属的领域信息（如信用卡、借记卡、理财）、意图信息（还款方式、发货咨询、消费失败）、面向角色（面向客户、仅面向客服）等。动态标签主要是关于 FAQ 的一些实时信息，比如近 1 个小时或者 7 日访问量这类当前热点信息，这类热点信息常常随着时间的推移不断地变动，一定程度上体现当前时间段大多数用户关注的问题，这类热点的特征对于提升推荐预测的准确性也较有帮助。

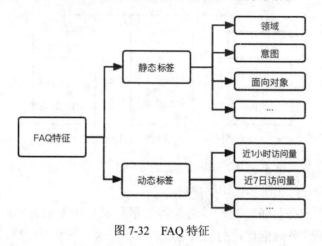

图 7-32　FAQ 特征

7.3.2　排序阶段

在召回阶段获取到各类特征信息与召回 FAQ 后，排序阶段的主要目的是通过训练时学习到的特征与不同用户行为之前的潜在关系，来对召回的 FAQ 进行排序，如图 7-33 所示。

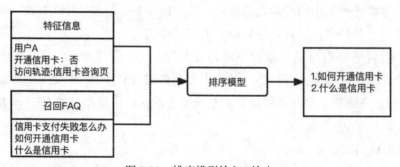

图 7-33　排序模型输入 / 输出

如图 7-33 所示，排序模型输入上文介绍的各类特征数据与召回的 FAQ，通过排序模型的处理，输出最终的排序结果。如对于一个没有开通过信用卡且刚刚访问过开通信用卡页面的用户，推送"如何开通信用卡"比推送"信用卡支付失败"要更合适。

推荐排序模型算法的选择也有很多，如 LR（逻辑回归）、FM、DeepFM。

下面对这几种算法做一个简单的概念介绍。

LR 模型是一种经典的分类模型，其可解释性强、实现简单、线上高效等优点使其在线上应用中被大量使用。逻辑回归模型的输出结果是由输入进行线性加权求和得到的。

FM 通过引入二阶特征，相比逻辑回归来说模型学习能力及表达能力得到提升，能够体现出组合特征对于模型的影响。例如一位没有开通信用卡且刚刚访问过信用卡咨询页特征的用户想问如何开通信用卡的概率要高于有信用卡特征的用户，而 LR 不会体现出没有开通信用卡且刚刚访问过信用卡咨询页这类组合特征。

DeepFM，其核心思想是结合 FM 的自动学习组合特征的能力和 DNN 模型的泛化能力来进一步提升模型的整体能力。

7.4 本章小结

本章介绍了在应答系统中除任务型应答处理外的其余三种对话处理方式：问答型、闲聊型以及推荐型应答。其中问答型的主要目的是提供在垂直领域与用户一问一答的交互，主要实现方式包括基于规则问答、基于 FAQ 问答以及基于知识图谱的问答。闲聊型问答主要解决的是面向开放领域的问答，主要实现方式包括检索型闲聊应答与生成式闲聊应答。推荐型应答与上述两种交互方式不同，是应答系统基于当前的各类特征主动对用户推送的信息，主要包括召回、排序这两个阶段。

第**8**章

答案的生成

　　通过第 2~7 章的学习，读者已经了解任务型、问答型、闲聊型、推荐型应答对话管理中的应答策略，这些处理步骤的结果被传递给答案生成模块，该模块负责将这些处理结果转化为用户可以理解的答案形式。本章讲解答案生成的方式，以及不同应答管理模块生成答案之后如何决策最终的应答答案。

答案生成的主要目的是将经过不同应答管理 DPL 处理后的结果转化为用户可以理解的答案形式，这一过程是为了确保生成的答案能够与用户进行有效的交流和理解。通过答案生成，系统可以将经过处理和分析的信息转换为符合自然语言习惯的回答，从而提供有意义的输出。

答案生成过程包含以下六个步骤。

第一步是内容确定（Content Determination）。在这一步骤中，NLG 系统需要确定构建文本时应该包含哪些信息，以及哪些信息不应该包含。

第二步是文本结构（Text Structuring）。在这一步骤中，NLG 系统需要合理地组织文本的顺序，以传达确定的信息。例如，播报天气时，应该先表达时间、地点，然后再表达具体的天气情况，最后表达一些附属信息，如注意保暖或者注意防晒等信息。

第三步是句子聚合（Sentence Aggregation）。并非每个信息都需要使用独立的句子来表达，将多个信息合并到一个句子中可能更加流畅和易于阅读。比如有以下原始信息"该电影由著名导演执导""该电影获得了多个奖项""该电影的主演是知名演员""该电影的剧情引人入胜"。在句子聚合步骤中，可以将这些信息合并到一个或多个句子中，以便更加流畅和易于阅读，例如"这部电影由著名导演执导，并且获得了多个奖项，主演是知名演员，剧情引人入胜"。这个例子中，原始的四个信息被合并到一个句子中，形成了一个完整的描述该电影的句子。通过句子聚合，将相关的信息合并到一个句子中可以提高文本的流畅性和可读性。

第四步是语法化（Lexicalisation）。当每个句子的内容确定后，系统将这些信息组织成自然语言。这个步骤涉及在各种信息之间添加连接词，使其看起来更像是一个完整的句子。

第五步是参考表达式生成（Referring Expression Generation，REG）。这个步骤与语法化非常相似，都是选择一些词语和短语来构成一个完整的句子。然而，与语法化不同，REG 需要识别出内容的领域，并使用该领域的词汇，而不是其他领域的词汇。

第六步是语言实现（Linguistic Realization）。在这一步骤中，当所有相关的词语和短语都确定下来时，需要将它们组合起来形成一个结构良好的完整句子。

这六个步骤是一种通用的答案生成过程框架，用于描述答案生成流程。然而，具体的答案生成方法可以根据应用场景选择性地使用，可以根据不同需求调整或跳过某些步骤。一些答案生成方法可能会涵盖这六个步骤，并按照顺序进行处理，这是一种结构化的生成答案的方式。然而，还有其他答案生成方法和技术，如基于生成模型的答案生成，它们可能采用不同的方式来处理文本生成任务，不完全符合上述六个步骤。这些方法依赖神经网络架构，从大量训练数据中学习并生成文本。

8.1~8.3 节介绍三种常用的答案生成的方式。分别是基于固定文本的答案生成、基于模板的答案生成以及基于生成模型的答案生成。

8.1　基于固定文本的答案生成

基于固定文本的答案生成是指生成的答案是预先编写好的、固定不变的文本答案。它适用于那些问题和回答相对固定且预先定义好的场景。在基于固定文本的答案生成中，预先编写了一系列与特定问题相关的答案，如图 8-1所示。

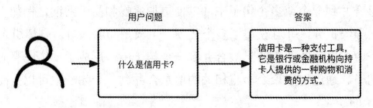

图 8-1　固定文本答案

如图 8-1 所示，固定文本答案可以是短语、句子或段落的形式。固定文本答案的优点是：

- 精确性高，预先编写的答案可以仔细地编辑和审核，确保答案的准确性；
- 可控性强，通过编辑和更新答案库，可以灵活地控制和调整系统的回答内容；
- 用户体验好，固定文本的答案通常经过精心设计和优化，以提供清晰、简洁和易于理解的回答，提升用户的体验和满意度。

固定答案的缺点是缺乏灵活性，答案是预先定义好的文本，不能根据具体情境进行动态调整，无法适应动态的结果，如用户的信用卡欠款情况，通过固定答案的方式无法获取到。

8.2　基于模板的答案生成

在一些问答场景中，用户所询问的问题常常是需要根据时间、地点等条件的不同而动态变化的。以问答型对话管理为例，在定位到用户问题所匹配的标准问题后，如果获取到的标准问题所配置的答案是固定的会让用户体验较差，如图 8-2 所示。

图 8-2　固定话术答案

如要每次返回的答案是固定的，就需返回一个相对通用的答案，如图 8-2 中用户询问天气信息，返回一个通用的查询天气的网站让用户自己查询。一般来说通用答案描述虽然在正确性上没有问题，但是在体验性上会较差，如果能够直接帮助用户获取所需要的精确信息，在答案的精准度和用户体验上则会更近一步。为了实现类似的功能，可以通过配置答案模板的方式来实现。答案模板的样例如图 8-3 所示。

您好，<TIME><CITY>天气<WEATHER>

图 8-3　答案模板

如图 8-3 所示，答案模板中将关键信息通过变量的方式来表示，可以在定位到用户的问题之后通过进一步调用后续接口来获取答案模板中的变量信息，进而填充答案模板以获取到最终的答案，整体流程如图 8-4 所示，答案模板中包含时间、城市、天气这些变量。应答系统负责获取到这些变量值，并且填充到答案模板中进而生成具体的答案。

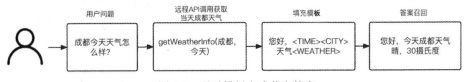

图 8-4　通过模板方式获取答案

基于模板的答案生成是一种策略，它利用预定义的模板将生成的答案与模板进行结合，以生成最终的应答答案。这种方法适用于一些具有固定格式的回答，并能够确保回答符合预期。

这种策略的优点之一是可以确保回答的准确性，因为模板中的固定文本经过仔细设计和校对，通常是经过专家验证和定义的，生成的答案与预定义好的模板相匹配。

基于模板的答案生成同时还具有一定的灵活性，因为可以在模板中设置变量，这些变量可以根据用户或者用户的问题来获取相应的外部数据，比如天气信息或者用户的欠款金额。

然而，基于模板的答案生成也存在一些缺点。首先，模板需要提前设计和定义，对于一些复杂或多样化的问题可能难以涵盖所有情况。其次，由于模板的结构是固定的，生成的答案可能较为呆板，缺少一些拟人化的特征。

8.3　基于生成模型的答案生成

基于生成模型的答案生成是一种利用生成式模型生成答案的策略。在这种方法中，机器人使用生成式模型来生成可能的答案，然后从生成的答案中选择最合适的一个或多个返回给用户。

生成模型可以用于生成自然语言文本，它可以根据输入的上下文和语言模型学习到的知识，生成新的、符合语法和语义规则的答案。生成模型的核心思想是学习语言的概率分布，并基于这些概率分布生成文本。在生成模型中，训练过程的目标是最大化生成文本的概率。模型会通过观察训练数据中的文本序列，学习到不同词语或字符之间的概率分布。然后，在生成文本时，模型可以根据上下文和已生成的部分文本预测下一个词语或字符，并基于概率选择最有可能的候选，如图8-5所示。

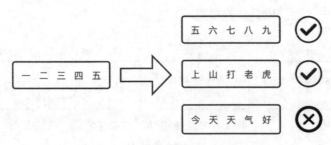

图 8-5　基于生成模型生成的内容

如图 8-5 所示，对于给定的输入文本"一二三四五"，生成模型可能更倾向于生成与该文相关的文本，例如"五六七八九"或"上山打老虎"，因为它们在语法和语义上与输入文本有一定的关联。这种倾向性是由生成模型在训练过程中学习到的语言模式和概率分布决定的。在训练阶段，模型通过观察大量的文本数据，学习到不同字或者词之间的概率分布。根据这些概率分布，模型在生成文本时更倾向于选择最有可能的候选字或词。对于输入文本"一二三四五"，模型会根据学习到的语言模式和概率分布，倾向于选择"五六七八九"或"上山打老虎"的文本进行生成，因为它们在语法和语义上与输入文本更匹配。相比之下，像"今天天气好"这样与输入文本主题不相关的句子的生成概率较小，因为它在语言模型的训练数据中可能没有足够的出现频率以及相关性。

生成模型有多种具体实现方式，包括递归神经网络（RNN）和最近几年非常热门的预训练模型。递归神经网络是一种经典的生成模型，特别适用于处理序列数据，例如自然语言。它通过循环连接来捕捉序列中的上下文信息，并生成逐个词语的输出。

另一种非常流行的生成模型是预训练模型。预训练模型是使用大规模文本数据进行预训练的语言模型，例如 OpenAI 的 GPT 模型系列。这些模型通过无监督学习从大量文本数据中学习语言的统计规律和语义信息，并可以用于生成自然语言文本。在实际应用中，可以通过微调这些预训练模型来适应特定的生成任务，使其生成的文本更贴合具体领域或应用场景，如在金融客服领域通过大规模的金融对话数据作为预训练的数据集。这些数据可以包括客户提问、客服人员的回答、常见金融问题和解答等各种与金融相关的问答数据。

通过微调预训练模型，可以使其在金融行业客服领域具备更好的表现。首先，可以使用金融特定业务领域的数据对模型进行微调，使其对特定业务术语、产品和服务有更深入的理解。这样，模型生成的回复将更加专业和准确，能够满足客户对于特定金融业务问题的需求。同时金融行业涉及许多法规和合规要求，模型可以在生成回复时考虑这些规则，确保回复的合法性和合规性，整体流程如图 8-6 所示。

上面提到生成模型基于概率选择最有可能的候选结果，但是如果每一次都选择最大概率的结果，会导致生成模型生成的结果相对固定，如图 8-7 所示。

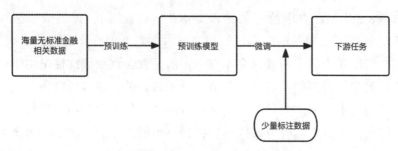

图 8-6　预训练与微调流程

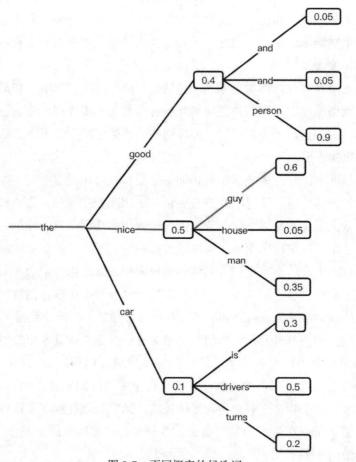

图 8-7　不同概率的候选词

如图 8-7 所示，每个词之后都会有不同概率的候选词，如果每次都选最大概率的输出，那么每次的输出结果都是"the nice guy"。为了避免这种情况，让模型能够输出"the good person"这类不同的答案，需要进一步对生成结果进行处理，以保证返回结果在相对准确的情况下提升多样性。以下介绍可以实现这种平衡的手段。

1. TOP-*K* 采样

TOP-*K* 采样是一种选择性生成的方法。在这种方法中，只从模型预测的最高概率的前 *K* 个候选词中进行采样。这样可以限制模型在生成过程中考虑的选择范围。通过调节 *K* 的值可以控制生成结果的多样性以及准确性如图 8-8 所示。

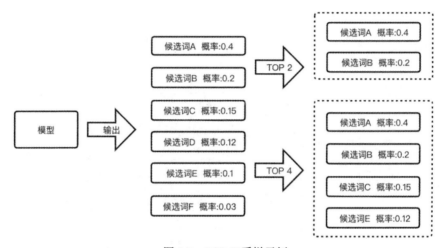

图 8-8　TOP-*K* 采样示例

如图 8-8 所示，如模型生成的前五个最高概率为：候选词 A、候选词 B、候选词 C、候选词 D、候选词 E。如果设置 *K*=2，那么只有候选词 A 和候选词 B 会作为输出答案的候选项。最终答案将在这两个候选词中进行选择。如设置 *K*=4，那么候选词 A、候选词 B、候选词 C、候选词 D 会作为输出答案的候选项。最终答案将在这四个候选词中进行选择，这种方式相对于 *K*=2 的情况增加了多样性，但是增加了一些概率较低的选择，降低了确定性。通过调整 *K* 的值来平衡多样性和准确性。较小的 *K* 值将减少多样性，较大的 *K* 值将增加多样性，但有可能会降低准确性。

2. TOP-*P* 动态采样

当使用 TOP-*K* 采样时，固定选择概率最高的 *K* 个词汇作为候选词汇，然后从中进行采样。这种方法在一定程度上限制了生成结果的多样性。例如，如果 *K*=5，那么每次生成时只会考虑概率最高的 5 个词汇，而忽略了其他概率较低但可能仍然是合理选择的词汇，如图 8-9 所示。

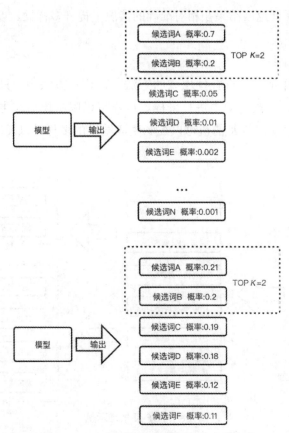

图 8-9　TOP-K 采样在候选词集合中的取值

如图 8-9 所示，在第一次模型输出候选词时，当 $K=2$ 时，在第一次模型输出时似乎是一个合理的选择。然而，问题在于当继续进行第二次模型输出时仍然选择 $K=2$ 可能会忽略一些概率不太低的候选词。这是因为 TOP-K 采样只考虑了概率最高的 K 个候选词，并且忽略了其他概率较高但不在 TOP-K 范围内的候选词。这种情况下，可能会错过一些具有较高概率且可能是合理选择的候选词。尽管这些候选词的概率低到不足以进入 TOP-K 范围，但它们仍然具有一定的可行性，可能是生成合理答案的候选项。

为了克服 TOP-K 采样的限制，增加生成结果的多样性，引入了 TOP-P 采样的概念。在 TOP-P 采样中，给定一个概率阈值 P，从候选词集合中选择一个最小集，使得它们出现的概率和大于 P。使用 TOP-P 采样，可以动态地调整候选词的数量，而不是固定地选择固定数量的 TOP-K 候选词。通过设置合适的累积概率阈值 P，可以确保选择的候选词具有较高的概率，并且不会忽略概率较高但不在 TOP-*K* 范围内的词汇。图 8-10 所示是一个使用 TOP-*P* 采样的样例。

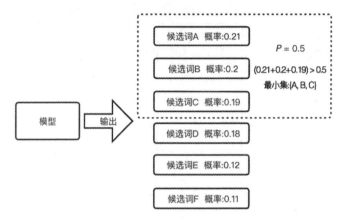

图 8-10 TOP-*P* 采样在候选词集合中的取值

如图 8-10 所示,根据概率阈值 *P*=0.5,选择概率累计值超过阈值的词汇作为候选词汇,针对图 8-10 中的例子从候选词集合中选择一个最小集且概率累计值超过 0.5 的候选词集合 {A,B,C}。

3. 温度参数调节

生成模型(如 GPT)会使用一个温度参数(Temperature Parameter)来控制生成结果的多样性。温度参数通常在 0.1~5 之间。较高的温度值(大于 1)会增加生成结果的多样性,因为它使得模型更加随机。较低的温度值(小于 1)会减少生成结果的多样性,使生成结果更加准确和确定。如温度参数为 0.1,结果可能非常确定和重复,因为模型倾向于选择最高概率的输出;温度参数为 1.0,结果会保持在相对平衡的状态,一些高概率的选项将被优先考虑,但仍然保留了一定的多样性;温度参数为 3.0,结果会非常多样化,因为模型的随机性增加,更多不太常见的选择可能被选中。

下面以问题"请推荐一家适合情侣约会的餐厅"为例,说明不同温度参数设定下可能输出的不同结果。假设模型在该问题下预测的餐厅概率分布如图 8-11 所示。

根据图 8-11 所示模型预测不同餐厅的概率分布,在不同的温度参数设置下,用户多次询问不同的问题,生成的答案会是不同的。如在温

餐厅	概率
法式餐厅	0.4
意式餐厅	0.3
日本料理	0.2
墨西哥餐厅	0.05
印度餐厅	0.05

图 8-11 模型预测各餐厅概率分布

度参数为 0.1 的情况下，每次生成的答案都会取概率最高的输出，如图 8-12
所示。

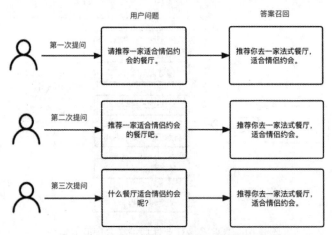

图 8-12　温度参数为 0.1 时生成答案的情况

图 8-12 中，在温度参数为 0.1 的情况下，每次生成的答案都会取概率最高
的输出，模型会始终选择法式餐厅作为答案，因为它具有最高的概率分布值。
无论用户重复提问或改变提问方式，模型的答案都不会变化。这种情况下，虽
然答案的准确性较高，但缺乏多样性可能导致无法满足用户对不同类型餐厅推
荐的需求。

当温度参数设置为 1 时，模型倾向于生成多个高概率选项，可以在一定程
度上增加答案的多样性。这样，我们可以获得更多不同类型的餐厅推荐，以满
足不同用户的喜好和需求，如图 8-13 所示。

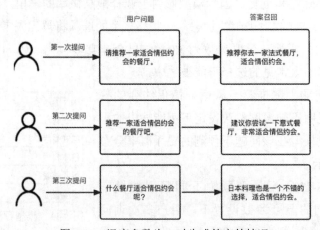

图 8-13　温度参数为 1 时生成答案的情况

如图 8-13 所示，在温度参数为 1 的情况下，每次生成的答案不会都取概率最高的输出，而是会随机选择概率较高的选项作为答案。每次生成的答案可能会不同，因为模型在生成过程中考虑了多个选项的可能性。这意味着对于同一个问题，模型可以生成多个不同的答案，涵盖了概率分布中多个高概率选项。这种设置下，模型的输出更具多样性，能够提供不同选择的餐厅。

当温度参数设置为 3 时，模型在生成答案时将更加注重多样性，并且更有可能选择概率较低的选项作为输出，如图 8-14 所示。

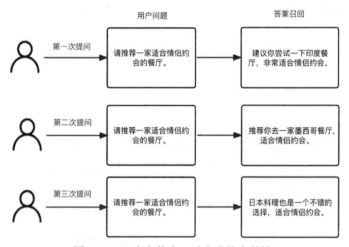

图 8-14　温度参数为 3 时生成答案的情况

如图 8-14 所示，在温度参数为 3 这种较高的温度设置下，模型会更加随机地选择概率较低的选项作为答案。因此，对于同一个问题，模型可能会生成各种不同的答案，包括概率分布中所有选项，无论其概率高低。这种设置下，模型的输出将具有更高的多样性，能够提供更多餐厅推荐的选择。但是较高的温度值可能会降低生成答案的准确性，因为模型更有可能选择概率较低的选项。

基于生成模型的答案相较于基于模板的答案生成有更加丰富的多样性，生成模型能够生成各种不同的答案，而不仅仅限于预定义的模板。这使得生成的答案更加多样和灵活。同时生成的答案可以根据用户的具体情境和问题进行回复，模板形式的答案生成往往是固定的，无法适应用户的特定需求。除此之外生成模型还具备一定的创造性，能够生成全新的、未曾见过的答案。这对于创意、想法的表达和推广具有重要意义。模板形式的答案生成往往是固定的、预定义的、无法提供创新和独特的答案。最后生成模型可以通过不断的训练和优化来扩展其知识和能力。相比之下，基于模板的答案生成往往需要手动维护和更新模板或标签库，不够灵活和可扩展。

但基于生成模型的答案也有其缺陷，生成模型生成的答案具有一定的不确定性，因为它是基于概率模型进行生成的，这意味着生成的答案可能包含错误或不准确的信息。由于模型的复杂性和不确定性，无法保证每个生成的答案都是完全正确和可靠的。同时生成模型在生成答案时可能会产生一些不符合期望或不合适的内容。最后，生成模型需要进行持续的更新和维护。模型的训练、数据收集和校正过程需要投入大量的人力和时间成本，而且管理生成结果的质量控制也是一个挑战。

8.4　基于标签的答案选择

在使用基于固定文本或者模板方式生成答案时，为了增加生成答案的多样性，可以通过给答案打上标签，根据用户的提问方式和终端设备等特点，动态地选择最合适的答案形式进行呈现。例如，当用户重复提问相同的问题时，可以使用不同的答案标签，以避免重复性的回答，并提供更多的相关信息或不同角度的答案以增加答案的多样性，满足用户的需求。比如，当用户在同一个会话中给机器人提出相同语义的问题，可以通过一些随机策略来丰富回答用户的方式，如图 8-15 所示。

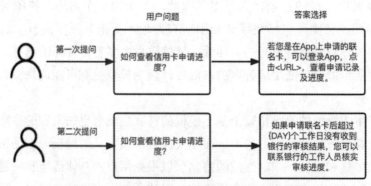

图 8-15　对多次询问相同问题的多样化答案输出

如图 8-15 所示，当用户在同一个会话中反复向机器人提出相同语义的问题时，如果机器人每次都以相同的答案进行回复，这种回复方式会显得相当单调和缺乏变化。为了避免这种机械性的回答，可以采用一些随机策略来丰富回应用户的方式。通过引入随机性，机器人可以在相同的语义问题上提供多样化的回答，从而增加对话的趣味性和交互性。这种丰富性可以通过给答案模板配置不同的答案标签来实现，如图 8-16 所示。

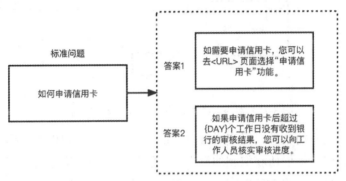

图 8-16　基于标准问题配置多答案标签

图 8-16 所示为针对标准问题配置多答案标签。当用户对机器人提问后，应答处理流程会定位到与该用户问题所匹配的语义，在对该语义的答案进行生成的时候可以通过轮询或者随机等方式让机器人针对用户的相同问题回复不同的答案。

此外，当用户使用不同的终端设备来访问机器人时，机器人需要根据不同终端的特性和用户习惯来处理用户问题，以根据用户所用的终端类型提供不同的答案。

针对 PC 端和移动端等不同终端，机器人可能根据屏幕大小和布局的差异，调整回答的格式和排版。在 PC 端，机器人可以更宽的页面布局展示更详细和全面的答案。而在移动端，机器人可以采用更简洁、紧凑的方式回答，以适应较小的屏幕空间。

不同终端设备支持的交互方式也可能不同。在 PC 端，机器人可以利用鼠标和键盘进行交互，可以提供更多的选项和详细的解释。而在移动端，机器人可以利用触摸屏等，提供更简洁、直接的交互体验。如询问"如何开通信用卡"，不同终端的处理方式可能是不同的，PC 端给出的答案是如何在 PC 上操作申请信用卡，而用户通过移动端访问，给出的是如何通过 App 去申请信用卡，但用户在不同终端所提出的问题的语义是相同的，如图 8-17 所示。

不同终端设备可能具有特定的功能或限制。机器人可以根据不同的终端类型来利用这些功能提供更精准的答案。例如，对于移动端机器人可以提供与地理位置相关的答案。

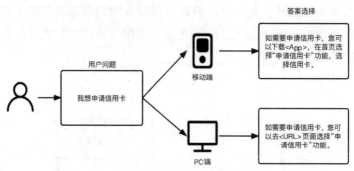

图 8-17　对不同类型设备的访问选择不同的答案

　　除了终端不同之外，用户通过电话语音或文本方式向机器人提出具有相同语义的问题时，他们所获取到的答案也可能是不同的。这是因为不同的交互方式对回答的呈现形式有所限制。如果用户通过文本方式进行交互，他们可能会收到包括按钮点选、表单输入框、图片等基于文本交互形式的答案。这样的交互形式可以提供更丰富的内容和多样化的互动选项，使用户能够更方便地获取所需信息并与机器人进行互动。

　　而基于语音的答案相对于文本方式交互形式会相对较少。由于电话语音交互无法直接呈现按钮、表单或图片等视觉元素，机器人在回答问题时可能会依赖口头语言表达。这种情况下，语音答案会更加注重清晰度和简洁性，以确保用户能够准确理解并满足其需求，如图 8-18 所示。

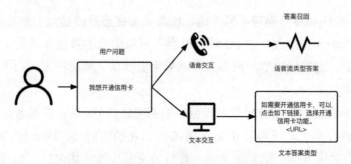

图 8-18　对多次询问相同问题的多样化答案输出

　　如图 8-18 所示，机器人会根据与用户的交互方式来返回不同类型的答案，如用户通过电话语音方式询问机器人，机器人会通过语音的方式回复用户。用户通过不同的方式向机器人提相同语义的问题，机器人能够通过不同交互方式使用不同类型的答案来回复用户。

　　如上文所说，可以将答案根据不同终端分为 PC 端、移动端等，交互方式区分为文本、语音答案；为了实现答案多样化还可以引入多答案，则答案的标签可以设置为如图 8-19 所示。

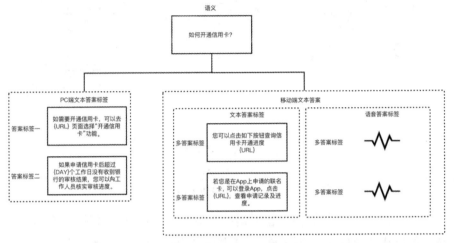

图 8-19　多终端与多标签答案配置

如图 8-19 所示，如果用户通过移动端以文本方式提出"怎么开通信用卡"，系统的应答流程如下：首先应答流程会定位到问题语义为"如何开通信用卡"，接下来，在生成答案时，系统会结合终端类型（移动端）和交互方式（文本），选择以下答案模板进行回复。

"您可以点击如下按钮查询信用卡开通进度：{URL}。"

"若您是在 App 上申请的联名卡，可以登录 App，点击 {URL}，查看申请记录及进度。"

系统会根据一定的随机策略选择一个答案模板，然后根据该模板生成最终的回答并输出给用户。

8.5　答案决策

答案决策主要是指当整个应答系统的多个模块同时输出答案结果时，如何选择最终答案返回给用户。在本书第 1 章提到过，从应答类型来区分，可以分为问答型、任务型、闲聊型、推荐型。每一种应答类型都可能会返回答案，如用户询问"我想申请信用卡"，此时问答型、任务型、推荐型、闲聊型输出的答案如图 8-20 所示。

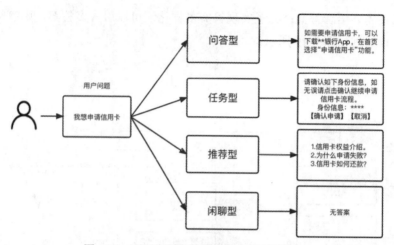

图 8-20　不同类型应答模块推出的不同答案

如图 8-20 所示，问答型应答输出的答案是一个标准的描述性答案，让用户按照描述在对应页面完成操作。任务型应答则会较为精细化，并且通过不断地与用户交互来引导用户一步一步地去申请信用卡，如通过获取用户的身份信息来让用户确认是否需要帮助用户完成信用卡的申请。而推荐型应答则是基于用户的问题猜测用户还会对哪些问题感兴趣。

在最终给用户推送何种答案时，机器人不会把每一种类型的答案都推送给用户，而是通过某种策略推送某一种或者组合多种应答模块输出的答案。可以通过答案选择策略来选择推送给用户的答案形式。如按照如图 8-21 所示的优先级策略来进行答案选择。

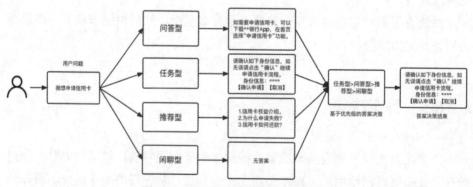

图 8-21　基于优先级的答案决策策略

如果按照如上策略，当用户询问"我想申请信用卡"时，会按照优先级输出任务型应答答案，如果任务型应答没有答案，输出问答型应答答案。

不同类型的答案也可以进行组合输出，比如推荐型应答的结果可以与应答型应答的结果进行组合，如图 8-22 所示。

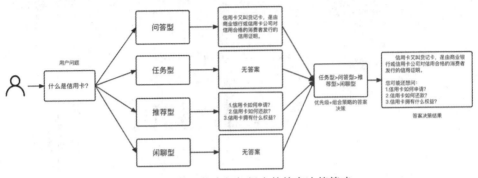

图 8-22　基于优先级加组合的答案决策策略

如图 8-22 所示，机器人最终决策输出答案使用的是问答型与闲聊型的组合答案，在回答用户问题的同时，猜测用户还想询问的相关问题。

8.6　本章小结

本章详细探讨了多种不同的答案生成方式。其中包括基于固定文本的答案生成、模板的答案生成、基于生成模型方式的答案生成。

首先，讲解了基于固定文本与模板的答案生成的方式，基于固定文本与模板的答案生成是一种传统的方式，通过事先定义好的固定文本或模板来匹配用户的问题并返回对应的答案。这种方式的优点在于简单直接，对于常见的问题能够获得较好的生成效果。然而，答案的覆盖面有限，对于复杂或罕见的问题可能无法有效生成答案，需要不断更新和维护模板库。

其次，介绍了一种通过生成模型来生成答案的方式，同时讨论了如何使生成模型产生的答案更具有多样性的方法，包括 TOP-K、TOP-P、温度参数法。通过生成模型这种方式可以生成更加灵活和多样的答案，能够应对不同类型的问题。然而，生成式的答案生成面临着生成答案的质量和可控性的挑战，需要在生成过程中保证答案的准确性。

最后，讨论了在多种应答策略返回答案时，如问答、任务、推荐和闲聊等场景，还可以通过不同的策略来进行答案决策。例如，可以基于优先级或者优先级组合的方式来进行答案决策。

第**9**章

必备算法基础

在前面的章节中，读者已了解了应答系统的实现方式。本章将探讨在应答流程中常用的算法知识，包括词向量、序列标注、文本分类以及生成式对话等。这些算法能帮助处理用户输入的问题并生成准确答案。读者通过深入理解这些算法，并在实际应用中灵活运用，可以提升智能问答系统的效果和性能。不论是基于规则还是机器学习的应答系统，这些算法都具有重要的应用价值。例如，词向量技术可以将文本表示成数值向量，从而便于计算和比较语义相似度；序列标注技术可以用于命名实体识别和分词等任务；文本分类技术可以帮助系统自动对问题分类并选择相应的答案生成方式；生成式对话技术可以使系统生成自然流畅的答案。通过理解这些算法，能够构建更加智能和高效的问答系统，为用户提供更好的服务。

9.1　词向量

词向量（Word Embedding）是自然语言处理领域中的一项关键技术，其核心作用在于将文本中的词语转换为低维度的数值向量表示。通过这种方式，词语被赋予了计算机可理解的形式，便于进一步处理和分析。词向量的生成过程旨在捕捉词语间的深层语义关系，使得在向量空间中，意义相近的词语相互靠近，从而为文本处理和分析提供更高效和精准的工具。词向量在以下场景应用广泛。

- 语义表示：词向量可以通过向量空间中的距离度量词语之间的语义相似性，从而可以用于词义的推理、类比和聚类等任务。
- 上下文表示：词向量可以通过捕捉词语在上下文中的语义信息，帮助解决词语的歧义和多义问题。
- 文本处理：词向量可以作为文本处理任务的输入特征，例如情感分析、文本分类、命名实体识别等，从而提升模型的性能。
- 文本可视化：词向量可以通过降维方法，将高维的词向量可视化在二维或三维空间中，从而帮助理解文本数据的结构和分布。

通过词向量，可以在文本处理和分析中实现更加精准的语义理解、信息提取和文本生成，从而提升模型的性能和效果。本节讲解生成词向量的几种方式。

9.1.1　One-Hot 词向量

One-Hot 词向量是一种简单的词汇表示方法，用于将词汇表中的词语表示为数值形式。在这种表示法中，每个词语都用一个向量表示，向量的长度等于词汇表中词语的总数。向量中的所有元素都为 0，与该词语对应的索引位置上的值为 1。

例如，假设有一个包含 5 个词语的词汇表：{ 猫 , 狗 , 大象 , 老虎 , 狮子 }。每个词语的 One-Hot 表示如下。

- 猫: $[1, 0, 0, 0, 0]$
- 狗: $[0, 1, 0, 0, 0]$
- 大象: $[0, 0, 1, 0, 0]$

- 老虎：[0,0,0,1,0]
- 狮子：[0,0,0,0,1]

One-Hot 词向量的优点是简单易懂，实现起来也很容易。当然，它也有一些缺点，如对于大型词汇表（如 10000 大小的词汇表），One-Hot 表示的词向量是一个长度为 10000 的向量，这会增加计算和存储成本。更为关键的是，One-Hot 表示法无法有效捕捉词语间的语义关系，因为不同词之间的 One-Hot 词向量距离始终保持恒定，这导致我们无法从向量表示中区分词语之间的相似性或语义联系。

由于这些限制，许多自然语言处理任务采用更先进的词嵌入方法，如 Word2Vec、GloVe，它们可以降低词向量的维度并捕捉词语之间的语义关系。

9.1.2　Word2Vec

如上所述，在 One-Hot 编码中，每个词语都表示为一个只包含一个 1 和其他元素都为 0 的向量。这种表示方法不能捕捉词语之间的任何语义关系，因为每个词语的向量都是相互独立的。例如，在 One-Hot 表示中"老虎"和"狮子"之间没有明确的关系，它们的向量也没有任何相似之处。为了解决 One-Hot 在语义表达上的缺陷，可以通过多维连续浮点数向量来捕捉词语的语义信息。这些向量在几何空间中有着特定的位置，使得语义相近的词语在空间中也被映射到相近的位置。简而言之，词向量的每个维度都代表了词语某一方面的意义，因此语义相似的词语往往拥有相似的词向量。

举例来说，词语"方向盘"和"发动机"的词向量与"汽车"的词向量相近，因为它们在语义上有所关联（即它们都是汽车的组成部分）。然而，与"老虎"这种与汽车无关的词语相比，它们的词向量则会有显著不同。这种映射方式确保了可用于同一语义的词语在向量空间中相互靠近。

这种词向量的强大之处在于它们可以被应用于数学运算中。通过加减向量可以进行有趣的语义探索。例如，通过向量运算，计算机可以尝试计算"国王"－"男人"＋"女人"可能得到的向量与"女王"是否相近，从而验证这些词向量是否捕捉到了性别和权力关系的语义信息。图 9-1 所示是一个词向量的简单例子。

图 9-1 中的每个维度都代表了一个清晰定义的特征。如第一个维度代表是否容易被驯化，每个词语在这个维度的分数权重代表与这个意思或概念的相近

度。将上述坐标转化到三维空间中，如图 9-2 所示，可以看出猫和狗在空间举例中更相近，也就是具有更为类似的语义。

词向量	各维度的权重		
	易被驯化	亲人的	毛茸茸的
狗	0.3	0.5	0.2
猫	-0.1	0.1	0.4
老虎	0.2	-0.4	0.2
狮子	0.1	-0.3	0.3
老鼠	-0.3	-0.2	0.1
蛇	-0.4	-0.3	-0.2

图 9-1　词向量举例

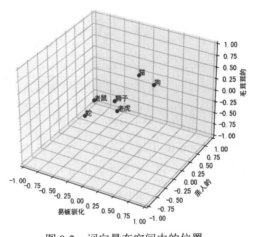

图 9-2　词向量在空间中的位置

需要说明的是，上述例子是一个非常简化的词向量版本，在实际的词向量的维度中并没有这么清晰定义的语义，维度也会远远大于三维。

Word2Vec 是一种获取上述向量的方法，它是一种基于神经网络的词嵌入模型，将文本中的词语转换为向量表示的技术，由 Google 在 2013 年推出。Word2Vec 可以通过学习大量文本数据来自动地将词语映射到高维向量空间中，从而可以将文本中的语义信息表示为向量形式，方便进行计算和处理。

Word2Vec 模型有两种常见的实现方式：Skip-gram 和 Continuous Bag of Words（CBOW）。

1. Skip-gram

Skip-gram 模型的核心思想在于通过预测词语周围的上下文来学习其词向量表示。具体而言，该模型以中心词语作为输入，通过训练学习将中心词的向量映射到其周围的上下文词的向量空间。通过这种方式，Skip-gram 模型能够捕捉词语之间的关联性，并据此生成有效的词向量表示，如图 9-3 所示，这一过程清晰地展示了 Skip-gram 模型的工作原理及其在词向量学习中的应用。

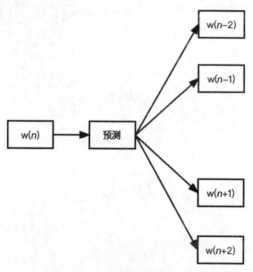

图 9-3　Skip-gram 预测示例

如图 9-3 所示，Skip-gram 模型通过在第 n 个位置输入的词语 w（n），来预测上文词语 w（n-2）、w（n-1）与下文词语 w（n+1）、w（n+2），如图 9-4 所示，如果给出一个词语"坐"。Skip-gram 模型预测上下文词语可能是"一只""猫"，"在""阳台"。

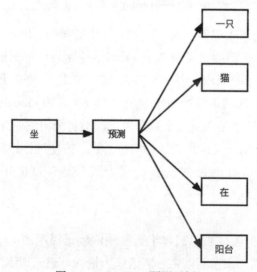

图 9-4　Skip-gram 预测示例

在训练 Skip-gram 模型时，一般会先从大量文本语料中提取出词语，并为每个词语分配一个唯一的标识符。之后通过滑动窗口的方法，在语料库中选取一个中心词，并选择其周围的上下文词作为训练样本。这里的窗口大小决定了上下文词的范围。然后将中心词转换为一个 One-Hot 编码的向量作为输入，并将上下文词也转换为 One-Hot 编码的向量作为输出。将这些输入和输出向量作为训练数据，通过神经网络模型进行训练。Skip-gram 模型通常使用一个浅层的前馈神经网络，包括一个隐藏层。通过最大化中心词和上下文词之间的条件概率来更新神经网络的权重，以便更好地预测上下文词。在训练过程中，Skip-gram 模型会学习到每个词语的词向量表示，即将每个词语映射到低维连续向量空间中的一个向量。这些词向量可以用来表示词语的语义和语法信息，并且在后续的自然语言处理任务中作为输入特征。

2. CBOW

CBOW 模型的基本思想是通过上下文词语来预测中心词语，从而学习词向量表示。具体而言，CBOW 模型输入一个上下文词语的窗口，然后通过学习将上下文词语的向量表示映射到中心词语的向量表示。这样，CBOW 模型可以通过预测中心词语来学习词语之间的关联性，从而得到词语的向量表示，如图 9-5 所示，CBOW 模型通过输入的上文词语 w（n-2）、w（n-1）与下文词语 w（n+1）、w（n+2），来预测在第 n 个位置的词语 w（n）。

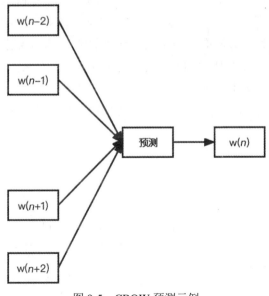

图 9-5　CBOW 预测示例

如图 9-6 所示，上下文词语是"一只""猫"，"在""阳台"，CBOW 模型预测中间的词语有很大概率是"坐"。

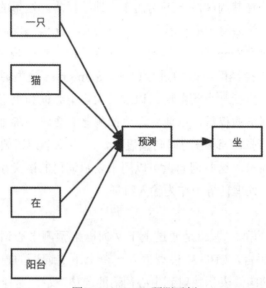

图 9-6　CBOW 预测示例

在训练 CBOW 模型时，一般会先从大量文本语料中进行预处理，包括分词、去除停用词等操作。对于每一个中心词语，从它的上下文窗口中抽取上下文词语作为训练样本，其中上下文词语的数量可以根据设置决定。之后构建 CBOW 模型的网络结构，通常包括一个输入层、一个隐藏层和一个输出层。输入层接收上下文词语的向量表示作为输入；输出层输出中心词语的向量表示作为输出。接着使用训练样本对 CBOW 模型进行训练，通过最小化模型预测输出和真实中心词语之间的误差，来调整模型的权重参数。在模型训练完成后，可以从隐藏层中提取出中心词语的向量表示作为最终的词向量表示。

9.1.3　GloVe

GloVe（Global Vectors for Word Representation）同样也是一种用于将文本中的词语转换为向量表示的技术，由斯坦福大学的研究人员于 2014 年提出。GloVe 旨在通过在大规模文本语料库中学习词向量，将词语映射到低维向量空间中，从而捕捉到词语之间的语义和语法关系。GloVe 通过在全局考虑词语的共现统计信息，从而能够在词向量之间建立更加丰富和准确的关联。GloVe 生成的词向量通常对语法和语义关系都能较好地进行建模，因为它考虑了词语的共现频率和频率权重。而 Word2Vec 生成的词向量在语法关系上可能相对较弱，因为它是通过预测上下文或目标词来训练的，可能更侧重于语义关系。

GloVe 算法的核心思想是基于共现矩阵（Co-occurrence Matrix）来构建词向量。共现矩阵是一个由词汇表中的词组成的矩阵，其中的每个元素表示两个词在同一文本窗口中出现的频次。例如，对于一个给定的文本语料库，如果词语"喝"和"牛奶"在同一个文本窗口中同时出现过，那么共现矩阵中的元素"C（喝，牛奶）"将会增加。GloVe 通过分析这种共现矩阵中的统计信息，找到词语之间的关系。如在文本"我喜欢喝牛奶""我喜欢听音乐""我热爱美食"中，假设窗口长度为 1，会有表 9-1 所示的共现矩阵。

表 9-1　共现矩阵示例

	我	喜欢	热爱	喝	听	牛奶	美食	音乐
我	0	2	1	0	0	0	0	0
喜欢	2	0	0	1	1	0	0	0
热爱	1	0	0	0	0	0	1	0
喝	0	1	0	0	0	1	0	0
听	0	1	0	0	0	0	0	1
牛奶	0	1	0	1	0	0	0	0
美食	0	0	1	0	0	0	0	0
音乐	0	1	0	0	1	0	0	0

可以通过表 9-1 的共现矩阵看出一些语法或语义关系，如"牛奶"与"喝"共现次数是 1，说明"牛奶"与"喝"这两个词语能够进行搭配。"喝""听"出现在"喜欢"这个词语的后面且频率类似，可能"喝""听"存在某种相似的语义。

基于 GloVe 模型生成的词向量还具有一些重要的性质，例如可以进行词向量之间的线性运算，如 vec（"国王"）－vec（"男人"）＋vec（"女人"）≈vec（"女王"）。这说明 GloVe 能够捕捉到词汇之间的语法和语义关系，使得生成的词向量在许多自然语言处理任务中表现优异，例如词义相似度计算、情感分析、文本分类等。

▌ 9.2 序列标注类问题

9.2.1 什么是序列标注

序列标注就是对一个一维线性输入序列如 $(X_1, X_2, X_3, X_4, X_5, X_6 \cdots, X_n)$ 中的每个元素打上标签集合中的某个标签：(标签 $_1$，标签 $_2$，标签 $_3$，标签 $_4$，标签 $_5$，标签 $_6$，…，标签 $_n$)。序列标注问题是 NLP 中常见的问题，一些 NLP 任务看上去不相同，如中文分词、实体识别等，但其都可以通过序列标注来解决。

序列标注本质上是对线性序列中的每个元素根据上下文内容进行分类。对处理中文输入的 NLP 任务来说，线性序列就是输入的文本，往往可以把一个汉字看作线性序列的一个元素，而对于不同的 NLP 任务，其标签集合代表的含义可能不太相同，但需要解决的共性问题都一样——如何根据元素的上下文给元素打上一个合适的标签。

9.2.2 解决序列标注的算法

1. 隐马尔可夫模型

隐马尔可夫模型（Hidden Markov Model，HMM）是一种统计模型，用于描述一个含有隐含未知参数的马尔可夫过程。在许多实际应用中，可以观察到一些变量，但其中一些变量是未知的或隐藏的。HMM 正是为了解决这类问题而提出的。

隐马尔可夫模型包括以下几个主要部分。

（1）隐藏状态集合：隐马尔可夫模型中的隐藏状态是一个离散的有限集合，表示系统可能的不同状态。这些状态对观察者来说是不可见的。

（2）观测集合：观测集合是与隐藏状态相关的一组可见的输出值。观测值可以是离散的，也可以是连续的。

（3）状态转移概率矩阵：描述从一个隐藏状态转移到另一个隐藏状态的概率。状态转移概率矩阵中的每个元素 $a(i,j)$ 表示从状态 i 转移到状态 j 的概率。

（4）观测概率矩阵：表示给定某个隐藏状态时产生各种观测值的概率。观测概率矩阵中的每个元素 $b(i,j)$ 表示在状态 i 下生成观测值 j 的概率。

假设现在需要使用隐马尔可夫模型来预测雨伞使用与天气之间的关系。根据一个人在过去几天是否使用过雨伞来推测这几天的天气。其中，观察序列是雨伞使用情况，如 (使用 , 不使用 , 使用)。隐藏状态序列是天气情况，如 (晴天 , 阴天 , 雨天)。基于上述例子，需要以下参数，其中隐藏状态转移概率矩阵、观察概率矩阵和初始状态概率向量，需要之前已经观测到的数据通过训练来获取。最终可以获取以下 HMM 参数。

- 隐藏状态集合：所有可能的天气状态 (晴天 , 阴天 , 雨天)。
- 观察集合：所有可能的雨伞使用情况 (使用 , 不使用)。
- 隐藏状态转移概率矩阵：表示从一个天气状态转移到另一个天气状态的概率，如表 9-2 所示。

表 9-2　隐藏状态转移概率矩阵

	晴天	阴天	雨天
晴天	0.7	0.2	0.1
阴天	0.3	0.4	0.3
雨天	0.2	0.3	0.5

- 观察概率矩阵：表示给定某个天气状态下使用雨伞的概率，如表 9-3 所示。

表 9-3　观察概率矩阵

	使用	不使用
晴天	0.1	0.9
阴天	0.4	0.6
雨天	0.9	0.1

- 初始状态概率向量：表示初始天气状态的概率分布，晴天为 0.6，阴天为 0.3 雨天为 0.1。

通过这个 HMM 模型，可以根据一个人的雨伞使用情况来推测过去几天的天气状况。如观察到这个人前几天使用雨伞的序列是 (使用 , 不使用 , 使用)，可以推断出天气情况很可能是 (雨天 , 晴天 , 雨天)，表示使用雨伞的第一天是雨天，不使用雨伞的那天是晴天，再次使用雨伞的那天又是雨天。同时，可以利用已经预测的状态序列来预测下一天的天气状态。假设最后一个状态是雨天，可以根据状态转移概率矩阵计算下一天最可能的天气状态。例如，根据状态转移概率矩阵，从雨天状态转移到其他状态的概率分别为：晴天为 0.2，阴天为 0.3，雨天为 0.5。因此，下一天最可能的天气状态仍然是雨天。

2. 条件随机场

条件随机场（Conditional Random Field，CRF）是一种用于建模序列数据（如时间序列或自然语言文本）中的条件概率分布的统计模型。

CRF 的主要优点在于它可以捕捉输入序列中的长距离依赖关系，从而获得更精确的预测结果。此外，CRF 不需要对数据进行严格的独立同分布假设，因此在处理实际问题时具有很高的灵活性。

CRF 的核心思想是，给定一组观察数据（例如词语序列），预测相应的标签序列（例如词性序列）。CRF 对观察数据和标签之间的依赖关系进行建模，并学习这些依赖关系的权重。假设有一个句子"张三打算去北京"，希望找到这个句子中的命名实体。在这个例子中，有两个实体："张三"（人名）和"北京"（地名）。为了解决这个问题，可以使用 CRF 来标注每个词语的实体类型。首先，需要定义标签集合。在这个例子中，可以使用以下标签。

- O：非实体。
- B-PER：人名中的第一个字。
- PER：人名中的第二个及以后的字。
- B-LOC：地名中的第一个字。
- LOC：地名中的第二个及以后的字。

对于每个字，需要提取一些特征来帮助模型学习字与词性之间的关系，CRF 特征通常是人工提取的。在 CRF 模型中，特征是根据对问题和数据的理解来设计的。对于不同的任务，可能需要提取不同的特征。提取有效和有意义的特征是模型性能的关键因素。如在这个例子中可以提取以下特征。

- 字本身。
- 字的前一个字和后一个字。
- 字的前两个字和后两个字。
- 词的长度。

使用这些特征和标签集合，构建一个 CRF 模型。在训练模型过程中，CRF 将学习每个特征与每个标签之间的最佳权重，从而来预测新观察序列的最可能的标签序列。如针对"张三打算去北京"这个句子，CRF 模型预测的标签序列如图 9-7 所示。

相较于隐马尔可夫模型（HMM），CRF 在特征处理上更为精细。CRF 不仅关注观察序列与当前标签之间的状态特征，还重视相邻标签之间的转移特征。这种特征区分使得 CRF 能够兼顾观察序列和标签序列的局部与全局信息，从而捕捉更为复杂的特征关系。此外，CRF 不需要假设观察数据和标签之间的独立性，这使得它能够捕捉到观察数据和标签之间的复杂关系。相比之下，HMM 通常需要假设观察数据之间是独立的，这可能限制了它捕捉复杂特征关系的能力。最后 CRF 直接学习观察序列和标签序列之间的条件概率，这让 CRF 能够关注那些对预测结果更重要的特征。相比之下，生成模型（如 HMM）学习观察序列和标签序列的联合概率，可能会分散关注力，导致性能下降。

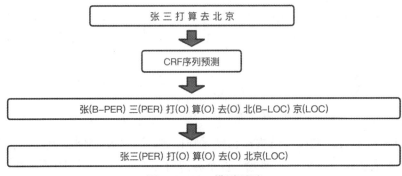

图 9-7　CRF 模型预测

　　CRF 也有其局限性，CRF 依赖人工特征提取，这是一个耗时且容易出错的过程。对于不同的任务，可能需要设计和提取不同的特征。此外，手动特征提取可能无法覆盖所有情况。虽然 CRF 模型比一些深度学习模型具有更好的可解释性，但权重和特征函数之间的关系可能难以理解，这可能导致模型调试和优化变得困难。随着深度学习和神经网络的发展，许多任务已经从手动特征提取转向自动特征学习。这些模型可以自动学习输入数据的有效特征表示，而无须人工设计和提取特征。

　　在数据量有限、深度学习方法不可行或计算资源有限的情况下，CRF 可能是一个有效的选择。此外，CRF 的概率预测使其具有一定的可解释性，有助于理解模型的置信度和进行后续分析。

3. 循环神经网络

　　循环神经网络（Recurrent Neural Network，RNN）是一种能够处理序列数据的神经网络。与前馈神经网络不同，RNN 的隐藏层之间存在循环连接，使其能够在处理序列数据时捕捉和学习长期依赖关系，其结构图如图 9-8 所示。可见，RNN 主要由输入层、隐藏层和输出层组成。输入层接收外部输入数据，隐藏层负责在时间步之间传递状态，输出层负责生成预测结果。隐藏层之间的循环连接使 RNN 能够在处理序列数据时维持历史信息。为了处理序列数据，RNN 在每个时间步接收一个输入，并根据当前输入和先前时间步的隐藏状态更新其隐藏状态。这种处理方式称为时间展开，使 RNN 能够在处理序列数据时捕捉和学习长期依赖关系。

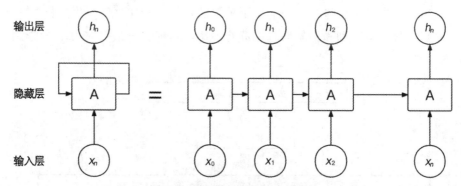

图 9-8　循环神经网络 RNN 结构

RNN 可能会遇到梯度消失和梯度爆炸问题，下面举个例子来说明该问题。假设一群人在玩"接力棒"游戏，这个游戏有多个阶段，每个阶段都有一个玩家。游戏的目标是将一个信号从第一个玩家传递到最后一个玩家。玩家之间相互传递信息的方式是相乘，即每个玩家都会将接收的信息乘以一个系数再传递给下一个玩家。这个系数可能大于 1（增大信号）、等于 1（保持信号不变）或者小于 1（减小信号）。当玩家之间的系数都小于 1 时，信号在传递过程中会逐渐减弱。最终，当信号传递到最后一个玩家时，信号已经变得非常微弱，以至于几乎无法感知。在神经网络中，这种现象就是梯度消失，它导致网络中较早的层难以接收到有效的梯度信息，从而难以进行有效的权重更新。这会使得网络训练变得非常缓慢，甚至导致训练停滞不前。而相反的，当玩家之间的系数都大于 1 时，信号在传递过程中会逐渐增强。最终，当信号传递到最后一个玩家时，信号已经变得非常强烈，以至于难以控制。在神经网络中，这种现象就是梯度爆炸。它导致网络中的权重更新过大，从而使网络参数变得不稳定，可能导致模型训练失败或无法收敛。

为了解决 RNN 的这一缺陷，出现了一些 RNN 的改良版本，其中长短时记忆网络（Long Short-Term Memory，LSTM）是其中最具代表性一种结构。

LSTM 是一种特殊的循环神经网络。LSTM 旨在解决传统 RNN 在处理长序列数据时遇到的梯度消失和梯度爆炸问题。这使得 LSTM 能够学习长期依赖关系。LSTM 模型结构如图 9-9 所示。

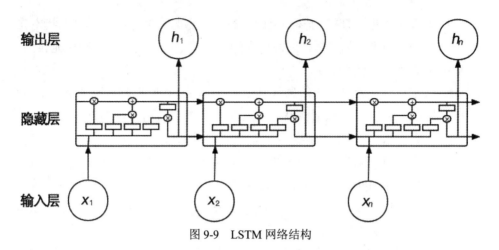

图 9-9　LSTM 网络结构

在整体结构上，LSTM 与 RNN 有类似的地方，如在每个时刻，LTSM 的单元（Cell）都会接收输入序列的一个输入，并根据该元素和前一时间步的隐藏状态计算当前时间步的隐藏状态。但是在单元内部结构上，LSTM 比普通 RNN 复杂一些，如图 9-10 所示。

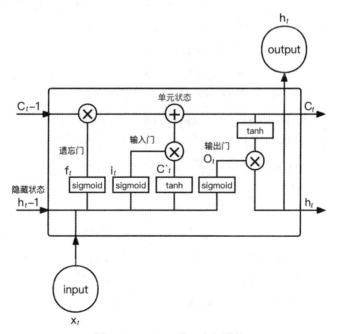

图 9-10　LSTM 单元内部结构

如图 9-10 所示，LSTM 包括单元状态、遗忘门、输入门、输出门这几个部分。

- 单元状态是 LSTM 的核心组件，充当信息的长期存储器。单元状态在各个时间步之间传播，遗忘门和输入门的输出分别用于更新单元状态，从而控制信息的流动。

- 遗忘门负责确定哪些信息从单元状态中丢弃。遗忘门使用一个 sigmoid 函数，将输入值映射到 0 和 1 之间。当遗忘门输出值接近 0 时，表示丢弃信息；当输出值接近 1 时，表示保留信息。

- 输入门负责确定哪些新信息进入单元状态。与遗忘门类似，输入门也使用一个 sigmoid 函数来决定哪些信息保留。同时，一个 tanh 激活函数用于创建候选值向量，该向量与输入门的输出相乘，以确定实际添加到单元状态的信息。

- 输出门决定下一个隐藏状态的值。输出门使用一个 sigmoid 函数来决定哪些信息从单元状态中输出。单元状态通过 tanh 激活函数进行处理，然后与输出门的结果相乘，得到最终的隐藏状态。

4. 小结

循环神经网络具有出色的能力，能够捕捉长程依赖关系并处理变长的序列数据。在处理诸如文本、时间序列等连续型数据时，RNN 的循环结构使得它能够记住并利用历史信息，从而进行有效的预测和分析。然而，RNN 的训练过程往往较为耗时，尤其是在处理大型数据集或复杂任务时，其训练时间可能会显著增加。

条件随机场在序列标注等任务中表现出了强大的性能。CRF 的特征组合非常灵活，能够根据不同的任务需求进行定制，从而更准确地捕捉数据的内在结构。然而，CRF 需要手动进行特征工程来进行特征提取，这增加了模型构建的难度和复杂性。此外，CRF 的计算复杂度也相对较高，可能会在一定程度上影响模型的训练和应用效率。

隐马尔可夫模型则因其简单易懂和高效计算的特点而得到广泛应用。HMM 基于马尔可夫链的假设，通过状态转移概率和发射概率来描述数据的生成过程。这使得 HMM 在处理离散数据（如文本分类、词性标注等任务）时具有天然的优势。然而，HMM 的局限性也较为明显，它主要适用于离散数据，对于连续型数据的处理能力相对较弱。

9.2.3 基于序列标注解决的问题

基于序列标注方法可以解决多种 NLP 问题，如中文分词、命名实体识别、关系抽取、事件抽取等，本章介绍两种序列标注解决的典型问题，中文分词与命名实体识别。

1. 中文分词

中文分词是将连续的中文文本切分成独立词语的任务。这在中文语言处理中非常重要，因为中文并没有英文那样明显的词语边界。下面介绍如何通过序列标注来解决中文分词问题，首先分词任务分为两个阶段，即训练阶段与分词阶段。在训练阶段之前需要定义一个标签集合，如 {B，I，E，S}，其中各个标签的含义为：

- B，即 Begin，表示词语中的第一字。
- I，即 Intermediate，表示词语的中间部分。
- E，即 End，表示词语中的最后一个字。
- S，即 Single，表示单个词语。

1）训练阶段

首先通过已经标注好的中文分词数据集来训练模型，该数据集包含了许多中文句子以及它们的正确分词结果。数据集中每个句子中的字逐个标注上相应的标签，形成一个序列标注任务，如图 9-11 所示。

图 9-11　分词标注样例

通过对数据集的标注，可以让模型学习到字与标签之间的关联，从而在后续的分词任务中能够准确地预测出未知文本的分词结果。

2）分词阶段

分词阶段使用训练好的模型来对未分词的中文文本进行分词。首先，将待分词的文本按照字的粒度进行分隔，形成一个字的序列。然后，将这个字的序列输入模型中，模型会根据学到的关联性预测每个字对应的标签。根据模型的预测结果，可以将相邻的字组合成词语，形成最终的分词结果。如对于输入文本"孙悟空明天去芭蕉洞借芭蕉扇"，输入模型后如图 9-10 所示。

如图 9-12 所示，在训练好分词模型后，针对输入中文序列，分别给每个汉字打上 {B，I，E，S} 标签集合中的某个标签。将打标为 B 的汉字，和随后打标为 I 的汉字拼接在一起，直到碰见打标为 E 的汉字为止，合并在一起得到一个词语，如"孙悟空"（如果打标为 B 的汉字后没有打标为 I 的汉字，则和打标为 E 的汉字直接拼到一起）。而打标为 S 的汉字是一个单字的词语，如"去"。

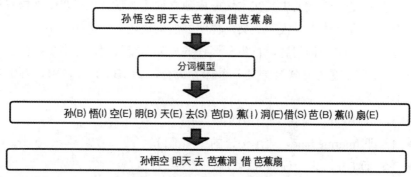

图 9-12　序列标注完成中文分词

2. 命名实体识别

命名实体识别是为了识别文本中具有特定意义的词，比如人名、地名、机构名、专有名词等。与分词任务类似，命名实体识别任务也分为两个阶段，即训练阶段与实体识别阶段。与中文分词过程类似，在训练阶段之前需要根据具体的任务定义一个标签集合，如 {B-PER，I-PER，E-PER，B-LOC，I-LOC，E-LOC，B-TIME，I-TIME，E-TIME，O}，其中各个标签的含义如下。

- B-PER：表示人名的第一个字。
- PER：表示人名的中间部分。
- E-PER：表示人名的最后一个字。
- B-LOC：表示地名的第一个字。
- LOC：表示地名的中间部分。
- E-LOC：表示地名的最后一个字。
- B-TIME：表示时间的第一个字。
- TIME：表示时间的中间部分。
- E-TIME：表示时间的最后一个字。
- O：表示非命名实体。

1）训练阶段

首先通过已经标注好的实体标注数据集来训练模型，该数据集包含了许多中文句子以及它们的正确实体标注结果。数据集中每个句子中的字逐个标注上相应的标签，形成一个序列标注任务，如图 9-13 所示。

图 9-13　实体标注样例

与中文分词过程类似，模型学习到字与标签之间的关联，从而在后续的实体识别任务中能够准确地预测出未知文本的识别结果。

2）实体识别阶段

以输入文本"明天张三去凤凰山体育场看球"为例，通过以上的标签集合对输入文本进行实体识别，图 9-14 所示是对输入序列的实体识别过程。

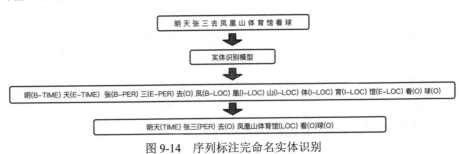

图 9-14　序列标注完命名实体识别

如图 9-14 所示，在训练好实体识别模型后，针对输入中文序列，分别给每个汉字打上 {B-PER,I-PER,E-PER,B-LOC,I-LOC,E-LOC,B-TIME,I-TIME,E-TIME,O} 标签集合中的某个标签。在图 9-12 中，对每个字进行了标注。例如，"明"分别被标注为 B-TIME，表示时间实体的开始部分，"天"被标注为 E-TIME，表示时间实体的结束部分；类似的还有"凤"被标注为 B-LOC，表示地名实体的开始部分；"凰""山""体""育""场"被标注为 I-LOC，表示地名实体的中间部分；"看""球"被标注为 O，表示非命名实"体"。

9.3　文本分类

9.3.1　文本分类简介

文本分类的主要任务是根据预定义的类别标签将给定文本分到相应的类别中。在许多自然语言处理应用中，文本分类技术都发挥着关键作用。如在本书第 3 章以及第 7 章中提到的领域识别、意图识别、情绪识别以及 FAQ 分类模块中，均使用了文本分类技术。

- 领域识别是将输入文本分配到一个或多个相关领域。例如，在智能对话系统中，领域识别可以帮助区分用户询问的是天气、交通还是餐饮等信息。
- 意图识别则是识别用户在文本中表达的需求或目的，这对于提供个性化服务，以及准确回应用户需求至关重要。例如，根据用户的问题，意图识别可以帮助系统判断用户是想查询账户余额还是转账等操作。
- 情绪识别，又称情感分析，是识别文本中表达的情感或情绪，如积极、消极或中立。情绪识别在舆情分析、客户满意度调查等场景中具有广泛应用。
- FAQ 分类模块旨在将用户问题与预先定义的常见问题进行匹配，以便快速提供准确答案。

下面介绍几类常用的文本分类模型。

9.3.2 文本分类的常用模型

1. 朴素贝叶斯分类器

朴素贝叶斯分类器是一种基于贝叶斯定理的简单概率分类器。它被称"朴素"，因为它假设特征之间是相互独立的，这个假设在现实情况中通常并不成立，但这种简化使得算法易于理解和实现。尽管它很简单，但是朴素贝叶斯分类器在许多实际应用中表现出了准确性，特别是在文本分类、垃圾邮件过滤和情感分析等领域。

在介绍朴素贝叶斯分类器之前，先来简单介绍一下先验概率、后验概率、似然概率、边缘概率这几个概念。

- 先验概率是在没有考虑观测数据（即在观测数据给出之前）的情况下，推测出的某一随机事件发生的概率。它通常基于领域知识、历史数据或对事件的主观判断。用符号表示为 $P(A)$，其中 A 是随机事件。例如，抛一枚硬币，在抛之前，主观推断正面朝上概率各为 0.5。
- 后验概率是在考虑观测数据的情况下某一随机事件发生的概率。后验概率是基于贝叶斯定理计算得出的。用符号表示为 $P(A|B)$，其中 A 是需要关注的随机事件（例如文档属于某个类别），B 是观测数据或证据（例如文档的特征）。在文本分类任务中，后验概率可以表示为给定

一篇文档的特征（例如包含技术术语、专业词汇等），该文档属于某个类别（如科技类）的概率。

- 似然概率是在给定随机事件发生的条件下，观测数据出现的概率。似然概率衡量了观测数据与随机事件之间的关联程度。用符号表示为 $P(B|A)$，其中 A 是随机事件，B 是观测数据。例如，在文本分类任务中，似然概率可以表示为给定某个类别（例如科技类），文档具有某些特征（例如包含技术术语、专业词汇等）的概率。

- 边缘概率是单个随机变量在所有其他随机变量上的概率之和。边缘概率通常用于描述与其他随机变量无关的某个随机变量的概率分布。用符号表示为 $P(B)$，其中 B 是观测数据。

贝叶斯定理是概率论的一个基本定理，用于描述在给定先验概率的情况下，观测到新数据后，某个事件发生的后验概率。公式为：

$$P(A|B)=P(B|A)\times P(A)/P(B)$$

其中，$P(A|B)$ 是后验概率，$P(B|A)$ 是似然概率，$P(A)$ 是先验概率，$P(B)$ 是边缘概率。

朴素贝叶斯分类器使用已知的训练数据来估计先验概率 $P(A)$ 和似然概率 $P(B|A)$。这些概率可以通过计算每个类别中某个特征值出现的频率得到。

在预测阶段，给定一个新的数据，朴素贝叶斯分类器通过计算每个类别的后验概率 $P(A|B)$，然后选择具有最大后验概率的类别作为预测结果。后验概率可以通过将先验概率和似然概率代入贝叶斯定理计算得到。

下面通过一个例子来说明如何使用朴素贝叶斯分类器来进行分类。假设有一组关于水果的数据，想要根据其特征预测是苹果还是香蕉，训练数据如表 9-4 所示。

表 9-4　朴素贝叶斯训练数据

颜色	圆形	水果
红色	是	苹果
红色	是	苹果
黄色	否	香蕉
黄色	否	香蕉

现在，有一个待分类的水果，它的颜色是红色，形状是圆形。使用朴素贝叶斯分类器判断它是苹果还是香蕉。

先验概率：

$$P(\text{苹果})=\frac{2}{4}=0.5$$

$$P(\text{香蕉})=\frac{2}{4}=0.5$$

条件概率：

$$P(\text{红色}|\text{苹果})=\frac{2}{2}=1$$

$$P(\text{圆形}|\text{苹果})=\frac{2}{2}=1$$

$$P(\text{红色}|\text{香蕉})=\frac{0}{2}=0$$

$$P(\text{圆形}|\text{香蕉})=\frac{0}{2}=0$$

应用贝叶斯定理可以得到以下表达式。

$$P(\text{苹果}|\text{红色，圆形})=P(\text{苹果})\times P(\text{红色}|\text{苹果})\times P(\text{圆形}|\text{苹果})=0.5\times1\times1=0.5$$

$$P(\text{香蕉}|\text{红色，圆形})=P(\text{香蕉})\times P(\text{红色}|\text{香蕉})\times P(\text{圆形}|\text{香蕉})=0.5\times0\times0=0$$

如上述计算结果，由于 P(苹果|红色，圆形) > P(香蕉|红色，圆形)，所以预测这个水果是苹果。

这个简单的例子中使用了朴素贝叶斯分类器对水果进行分类。朴素贝叶斯分类器假设特征之间相互独立，并根据先验概率和条件概率来进行分类。

朴素贝叶斯分类器的优势是原理简单，实现起来相对容易。对于一些问题，尽管其朴素假设（特征之间相互独立）可能不成立，但它仍然能够给出较好的预测结果。同时由于朴素贝叶斯分类器的计算过程主要涉及概率乘法，因此计算效率较高，在特征维度较低时表现尤为明显。同时在小数据集上表现良好。另外，朴素贝叶斯分类器的预测结果基于概率，因此具有一定程度的可解释性。

2. FastText

FastText 是由 Facebook 开发的一款用于文本分类和表示学习的开源、免费、轻量级库。它的设计目标是在大规模数据集上实现高效的文本分类任务和词向量学习，同时保持较高的准确度。FastText 的核心优势在于其训练速度快和性能优异。

FastText 是基于词向量的。FastText 不仅仅关注词语级别的表示，还关注子词级别（subword-level）的表示。通过学习子词级别的信息，FastText 能够更好地捕捉到词汇中的局部信息和词形变化，从而在处理罕见词汇、拼写错误等问题时具有优势。

FastText 可用于各种文本分类任务，如情感分析、主题分类和垃圾邮件检测等，FastText 模型结构如图 9-15 所示。

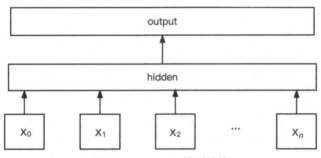

图 9-15　FastText 模型结构

FastText 采用了一种称为层次化 Softmax 的技术，通过高效的数据压缩和存储方式，使得 FastText 在大规模数据集上的训练速度比对于一些需要捕捉复杂语义和上下文信息的模型，如循环神经网络、Transformer 有更好的性能。

3. 基于 CNN 文本分类

基于卷积神经网络（CNN）的文本分类模型是一种在文本数据上应用卷积神经网络的方法。CNN 在计算机视觉领域取得了巨大成功，由于其能够捕捉局部特征并具有平移不变性，因此也被应用到文本分类任务中。在这种情况下，CNN 用于捕捉文本中的 n-gram 特征，以识别词组和短语级别的语义信息。图 3-20 展示过一个用 CNN 进行情绪识别的例子，可以用来理解基于 CNN 的文本分类。我们把图 3-20 复制过来，如图 9-16 所示。

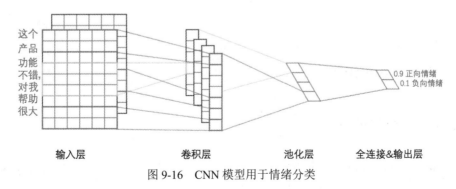

图 9-16　CNN 模型用于情绪分类

- 输入层：将输入文本的词语转换为向量表示。常用的方法有 Word2Vec、GloVe 等。这些方法可以捕获词汇的语义信息，并将文本表示为矩阵形式。

- 卷积层：在这一层，将使用一维卷积核（1D Convolutional kernels）来处理文本矩阵。卷积核的大小可以根据需要设置，通常为 2、3、4 等。卷积核在输入文本矩阵上滑动，从而捕获局部特征。卷积层可以学习到文本中的不同特征，如 n-grams（连续的 n 个词组）。

- 池化层：在卷积层之后，通常加入池化层（如最大池化或平均池化）。池化操作可以降低特征维度，同时保留关键信息。最大池化操作可以捕获最显著的特征，从而有助于提高分类性能。

- 全连接层和输出层：经过卷积和池化操作后，将获得一个特征向量。接下来，这个特征向量会输入到一个或多个全连接层中进行处理，最后经过输出层得到预测结果。输出层通常使用 softmax 函数进行激活，得到各个类别的概率分布，如图 9-14 所示是一个关于正向与负向的类别的概率。

使用基于 CNN 的文本分类有一些优势。首先，CNN 的卷积层可以捕捉文本中的局部特征，如 n-gram，有助于发现文本中的关键信息和语义模式。这些局部特征可以作为高层特征的基础，有助于构建更复杂的文本表示。其次，无论关键词在文本的哪个位置出现，CNN 都可以有效地检测到。这对于文本分类任务非常重要，因为关键词的位置通常是不固定的。最后，CNN 可以自动学习文本中的有意义特征，而无须依赖人工特征工程。这可以大大减少特征设计的复杂性和实现难度。

使用 CNN 进行文本分类的主要问题是无法捕捉长距离依赖关系，这一点可以通过结合其他模型（如之前介绍的 RNN 或者后续介绍的 Transformer）来解决。

9.4 序列生成

9.4.1 序列生成简介

序列生成的目标是根据输入数据生成一个有序的输出序列。在问答系统中，模型接收包含问题和相关上下文信息的输入序列，然后生成一个有序的答案文本作为输出序列。在这种情况下，输入序列通常由问题和上下文组成，而输出序列是模型为给定问题生成的答案。除此之外，序列标注任务在多种应用场景中都发挥着重要作用。如

- 机器翻译，将源语言文本翻译成目标语言文本。输入序列是源语言文本，输出序列是目标语言文本。
- 文本摘要，根据给定的长文本生成简短且包含关键信息的摘要。输入序列是原始长文本，输出序列是摘要文本。
- 语音识别，将音频信号转换为相应的文本。输入序列是音频信号的时域或频域表示，输出序列是音频内容的文本表示。
- 语音合成（文本到语音），根据给定的文本生成对应的音频信号。输入序列是文本，输出序列是音频信号的时域或频域表示。
- 图像描述（图像标注），为给定的图像生成描述性文本。输入序列可以是图像的特征表示，输出序列是描述图像内容的文本。

9.4.2　序列生成模型

在 9.2.2 节已经讨论了如何使用循环神经网络（RNN）等模型，这些模型也可以用于完成序列生成任务。然而，随着近年来深度学习领域的发展，一种名为"Transformer"的新型架构已经成为序列生成技术的主流方法。本节将介绍 Transformer 模型及其背后的自注意力机制。

1. 自注意力机制

自注意力机制的核心思想是，计算输入序列中每个元素（如词语、字符等）与其他元素之间的相互关系，然后根据这些关系对输入序列进行加权求和，生成一个新的表示。这个过程可以帮助模型更好地理解和捕捉输入数据中的结构和语义信息。

在自注意力机制中，每个输入元素都有一个查询向量（Query）、一个键向量（Key）和一个值向量（Value）。查询向量用于表示当前元素，键向量用于表示其他元素。通过计算查询向量与键向量的点积，然后对结果进行缩放和归一化，得到一个注意力权重。这个权重反映了输入元素之间的关联程度。接下来，将权重与对应的值向量相乘，然后对所有元素求和，得到新的表示。

下面用一个例子来说明自注意力机制是如何工作的。

假设要让一个自注意力模型理解这个简单的句子："一个人走在马路上。"

首先，模型会将句子分解成词：["一个"，"人"，"走在"，"马路"，"上"]。这个句子中的每个词语可以通过 9.1 节关于词向量的知识，为词语赋予数值向量，以便计算机能够理解。为了更好地让读者了解注意力机制的工作方式，与 9.1 节的例子类似，每个词语通过 3 维向量表示。需要说明的是，实际情况中词向量的维度一般远大于 3 维。句子"一个人走在马路上"的向量假设如下。

一个：[0.2, 0.1, 0.0]

人：[0.4, 0.8, 0.1]

走在：[0.9, 0.7, 0.3]

马路：[0.1, 0.6, 0.9]

上：[0.3, 0.2, 0.6]

然后，模型会计算这些词向量之间的"注意力分数"。注意力分数可以衡量一个词与句子中其他词的关联程度。对于每个词，要计算它与其他所有词的相似度得分。例如，计算"人"这个词语与这句话中各个词语之间的相似度得分如下。

一个：$(0.4 \times 0.2) + (0.8 \times 0.1) + (0.1 \times 0.0) = 0.16$

人：$(0.4 \times 0.4) + (0.8 \times 0.8) + (0.1 \times 0.1) = 0.81$

走在：$(0.4 \times 0.9) + (0.8 \times 0.7) + (0.1 \times 0.3) = 0.85$

马路：$(0.4 \times 0.1) + (0.8 \times 0.6) + (0.1 \times 0.9) = 0.57$

上：$(0.4 \times 0.3) + (0.8 \times 0.2) + (0.1 \times 0.6) = 0.34$

通过计算每个词与其他词的相似度得分，可以衡量它们之间的关联程度。然而，这些得分通常是原始的数值，不同的输入序列可能有不同的数值范围，缺乏统一的衡量尺度。为了使模型能够更好地理解和使用这些得分，需要对它们进行归一化处理。

归一化处理，是一种将数据缩放到某一特定范围（如 [0,1]）的过程。在这里进行归一化处理目的是，将每个词语与其他所有词语的相似度得分转换为 0~1 的概率值，并且让所有词语的概率之和为 1。

一种常见的方法是使用 softmax 函数进行归一化处理，它可以将一组数值转换为概率分布。softmax 函数的定义是给定一个有 n 个元素（$1,2,\cdots,n$）的集合，它将第 i 个元素 i 转换为一个概率 p_i，具体的公式如下。

$$p_i = \frac{e^{z_i}}{\sum_{j=1}^{n} e^{z_j}}$$

在上述公式中，e^{z_i} 是（z_1, z_2, …, z_n）中第 i 个元素的指数值，$\sum_{j=1}^{n} e^{z_j}$ 是所有元素的指数值的总和（j 的取值范围是 0~n），softmax 函数的输出 p_i 表示第 i 个元素的概率，所有输出的概率值（p_1, p_2, …, p_n）之和为 1。对上述例子的使用 softmax 函数进行归一化，可以得到"人"这个词语在**"一个人走在马路上"** **这句话中**，与每个词语的注意力权重具体分布如下。

一个：$e^{0.16}/(e^{0.16}+e^{0.81}+e^{0.8}+e^{0.57}+e^{0.34}) \approx 0.132$

人：$e^{0.81}/(e^{0.16}+e^{0.81}+e^{0.8}+e^{0.57}+e^{0.34}) \approx 0.253$

走在：$e^{0.8}/(e^{0.16}+e^{0.81}+e^{0.8}+e^{0.57}+e^{0.34}) \approx 0.251$

马路：$e^{0.57}/(e^{0.16}+e^{0.81}+e^{0.8}+e^{0.57}+e^{0.34}) \approx 0.200$

上：$e^{0.34}/(e^{0.16}+e^{0.81}+e^{0.8}+e^{0.57}+e^{0.34}) \approx 0.158$

通过上述计算结果可以看出，在"一个人走在马路上"这句话中，"人"这个词和"走在""马路"这两个词的注意力权重相对较高，而和"一个""上"这两个词的注意力权重相对较低。这样模型在理解"人"这个词的上下文时，会将更多的注意力放到"走在"和"马路"两个词上，也就是说"人"这个词上下文需要关注的语义重点是"走在马路"这段文字。

上述这个例子简单展示了自注意力机制如何透过计算序列内各元素间的关联紧密程度，进而辅助模型对序列数据进行更为深度理解。

2. Transformer 架构

Transformer 是一种深度学习架构，于 2017 年由 Vaswani 等人在论文 *Attention Is All You Need* 中首次提出。它在自然语言处理任务中取得了突破性的成果，成为了序列处理任务的主流架构。与传统的 RNN 和 LSTM 等模型相比，Transformer 架构通过自注意力机制实现了更高效的并行计算，同时解决了长距离依赖问题。

Transformer 架构的主要创新点在于使用了多头自注意力机制，使得模型能够在不同抽象层次上捕捉输入序列的信息。此外，Transformer 架构还引入了位置编码来补充序列中词语的位置信息，从而在处理序列时保留顺序关系。自从提出以来，Transformer 架构已成为 NLP 领域的主流架构，许多先进的预训练模型，如 BERT、GPT 等都基于 Transformer 架构进行扩展，为 NLP 领域带来了一系列突破性的成果，在本书第 11 章中会对 Transformer 架构进行详细的介绍。

3. 预训练模型

在某些任务中，可能会遇到数据量不足以训练具有足够泛化能力的模型的情况。这种情况下，模型可能容易过拟合或无法很好地处理未见过的输入。为了解决这个问题，研究者们提出了一种方法：利用预训练模型来学习通用的特征表示，然后再根据特定任务的需求进行微调。这种方法的优势在于可以利用更大规模的数据集学习到模型的基础结构，从而降低数据不足导致的泛化性能下降。

以金融行业为例，有许多通用知识和特征可以在不同的训练任务中被复用。比如，在金融新闻文本分类任务中，可以先使用一个大规模的金融文本数据集进行预训练，以学习金融领域的词汇、语法、语义等基本特征。然后，针对具体的文本分类任务，如情感分析、风险评估等，结合这些任务的特有训练数据对预训练模型进行微调。这样做的好处是，通过预训练，模型可以在一个更大的数据集上学习到泛化性强的通用特征表示，而微调阶段则可以根据特定任务的数据进行优化，从而提高模型在各个任务上的泛化能力。

这种预训练和微调的方法在实践中被证明是非常有效的。例如，自然语言处理领域的 BERT、GPT 等模型采用了类似的思路，在大规模的文本数据上进行预训练，然后针对不同的任务进行微调，取得了显著的性能提升。同样地，这种方法也可以应用于金融行业等领域，以充分利用有限的数据资源，提高模型的泛化能力和实用性。

下面简单介绍一下两种主要的预训练模型：BERT 与 GPT。

1）BERT 模型

BERT（Bidirectional Encoder Representations from Transformers）是 Google AI 于 2018 年提出的一种基于 Transformer 架构的预训练语言表示模型。通过预训练和微调的策略，BERT 模型能够同时从左到右和从右到左捕捉双向上下文信息，这使得 BERT 模型在理解语境和消除歧义方面具有更强的能力。这点与之后介绍的 GPT 模型不同。BERT 模型采用了两个预训练任务来学习语言表示，即遮蔽语言模型（Masked Language Model，MLM）任务和下一句预测（Next Sentence Prediction，NSP）任务。在 MLM 任务中，模型需要预测输入序列中随机遮蔽的词语；而在 NSP 任务中，模型需要预测两个句子是否连续的。这两个任务共同训练 BERT 模型，使其能够学习到丰富的句法和语义信息。与传统的 NLP 任务相比，BERT 模型采用了预训练—微调的策略。首先，在大规模的无标签文本数据上进行预训练，学习到通用的语言表示。接着，针对特定的任务（如情感分析、命名实体识别等），在有标签数据上对预训练好的 BERT 模型进行微调。这种策略使得 BERT 模型能够在不同任务上实现迅速的迁移学习和性能提升。BERT 模型的成功部分归功于其大规模的模型结构和数据规模。Google AI 发布了两个版本的 BERT 模型，分别为 BERT-Base（110M 参数）和 BERT-Large（340M 参数）。BERT 模型在预训练阶段使用了大量的文本数据，包括英文 Wikipedia 和 BooksCorpus 数据集。

　　BERT 模型在自然语言处理领域取得了显著的成果，并成为许多后续研究的基础。BERT 模型的变种和扩展模型（如 RoBERTa、ALBERT、DistilBERT 等）不断涌现，进一步拓展了预训练模型的应用领域和性能水平。

　　2）GPT 模型

　　GPT（Generative Pre-trained Transformer）是由 OpenAI 团队打造的一种基于 Transformer 架构的预训练语言表示模型。这一模型的出现，无疑为自然语言处理（NLP）领域注入了新的活力，特别是在生成任务上，GPT 展现出了卓越的性能。经过不断的研发和优化，GPT 已经成功升级到第四代——GPT-4，其在语言理解和生成能力上均有了显著的提升。

　　与 BERT 等双向模型不同，GPT 是一个单向（从左到右）上下文编码模型。这种设计意味着 GPT 在处理一个词语时，只能捕捉其左侧的上下文信息。虽然双向模型在理解语境和消除歧义方面可能更为出色，但 GPT 通过大规模的训练数据和精细的模型参数调整，依然取得了令人瞩目的效果。

　　GPT 的核心在于其自回归语言模型（Autoregressive Language Model）的预训练任务。在这个任务中，模型需要依据已有的上下文信息，预测下一个词语的出现。通过对海量的无标签文本数据进行训练，GPT 成功地学会了丰富的句法和语义知识，为其在各种 NLP 任务中的卓越表现打下了坚实的基础。

　　GPT 同样遵循预训练 - 微调的策略。它首先在大规模无标签文本数据上进行预训练，学习通用的语言表示。随后在特定任务（如文本分类、摘要生成等）的有标签数据上进行微调，使模型能够快速适应新的任务需求，并实现性能的提升。这种策略使得 GPT 在各种 NLP 任务中都能实现迅速的迁移学习，展现出强大的通用性和可扩展性。

　　GPT 的成功离不开其大规模的模型结构和海量的数据规模。在预训练阶段，GPT-4 使用了庞大的文本数据集，包括英文 Wikipedia、WebText、BooksCorpus 等，这些丰富的数据资源为模型提供了充足的学习素材。此外，GPT-4 还是一个大型多模态模型，这意味着它不仅能够处理文本数据，还能接受图像输入，并通过文本方式进行输出。这种多模态处理能力使得 GPT-4 在更广泛的应用场景中展现出强大的潜力。

总结来看，GPT 作为一种基于 Transformer 架构的预训练语言表示模型，在自然语言处理领域取得了显著的成果。单向上下文编码设计、自回归语言模型预训练任务以及预训练 - 微调的策略，共同构成了 GPT 的核心优势。随着技术的不断进步和数据的不断积累，相信 GPT 未来将在更多领域展现出其强大的应用潜力。

9.5 本章小结

本章从词向量的基础知识出发，详细介绍了自然语言处理领域中应答系统的核心任务以及相应的实现模型。首先，讨论了词向量的概念和作用，以及如何利用词向量将文本信息转化为机器可理解的数值表示。接着，重点关注了序列标注和文本分类这两类常用任务，阐述了这些任务的原理及在实际应用中的作用。

在序列标注任务中，描述了如何对文本中的词语进行诸如词性标注、命名实体识别等特定类型的标签分配。此外，还介绍了文本分类任务，其中模型需要根据输入文本的内容对其进行分类，如情感分析、主题分类等。

最后，本章讨论了对话生成这一任务，并介绍了近年来自然语言处理领域的主流技术——Transformer 架构，并介绍了其核心组件——自注意力机制。通过自注意力机制，Transformer 能够捕捉文本中长距离的依赖关系，从而在各种自然语言处理任务上实现显著的效果提升。此外，还探讨了基于 Transformer 架构发展起来的预训练模型，如 BERT 和 GPT 等。这些预训练模型通过大规模的无标签文本数据进行预训练，学习到通用的语言表示，然后在特定任务的有标签数据上进行微调。这种预训练——微调的策略使得这些模型能够在各种自然语言处理任务上取得较好的效果。

第 **10** 章

模型训练与
服务化

　　通过前面章节的学习，读者已经对应答系统整体流程有了一定的了解。本章主要讲解
如何从模型训练开始构建一个模型服务。

模型服务构建的核心流程主要包括模型训练、模型推理、模型部署及服务化这三部分，介绍如下：

- 模型训练是指通过使用标注好的训练数据集，对深度学习模型进行参数优化的过程。在训练阶段，模型通过不断地迭代优化，逐渐学习并调整参数，以最大程度地拟合训练数据集并提高其泛化能力。通过训练，模型能够学习到数据的特征和模式，从而使模型能够进行准确的预测。

- 模型推理是指在训练完成后，将训练好的模型应用于新的、未见过的数据上的过程。在推理阶段，模型接收输入数据进行预测或分类并生成输出。推理过程需要高效地利用训练好的模型，以便在实时或近实时的应用场景中进行快速的预测。推理的目标是使训练好的模型在未见过的数据上具有较高的准确度。

- 模型部署及服务化是指将训练好的模型应用到实际生产环境中的过程。这包括将模型集成到特定的硬件平台或者软件系统中，并确保模型能够满足使用需求。部署涉及模型的转换、优化和集成工作，以确保模型在生产环境中的稳定性、可靠性和性能。

10.1　模型训练

10.1.1　什么是模型训练

模型训练的目的是让模型从已知数据中学习普遍的规律，以便在未见过的数据上进行准确的预测。通过训练，模型能够理解输入数据中的特征，并学习它们与输出之间的关系，从而能够推广到新的数据上。

以判断用户对电影评价是正面还是负面的模型为例。首先，需要收集一批文本数据，例如来自社交媒体的帖子、评论或用户对话等。然后，为每个文本标注相应的评价结果，例如正面或负面。这些文本数据以及对应的评价结果标签组成了训练数据集。初始的神经网络模型会通过训练不断优化自身的参数，以使其能够更准确地预测评价结果。例如，在刚开始的时候，模型可能只能正确识别出训练数据集中的少数样本，比如只有 10 条文本被正确分类。而训练的过程就是通过调整和优化模型的参数，使其能够正确地识别出更多的样本，让剩下的 90 条文本也能被准确分类。通过不断地迭代和优化，模型会逐渐提高准确性，学习到输入文本中的特征和它们与评价结果之间的关联。这使得模型能够更好地泛化到未见过的文本数据，并在实际应用中对新的评价进行准确的分类。

10.1.2　模型训练的常用框架

1. 为什么要使用机器学习框架

在深度学习中，神经网络的输入、输出和参数通常都表示为多维数组以及矩阵，称为张量。神经网络的训练可以简单视为了达到某个目标，针对输入张量进行的一系列操作过程。在训练过程中不断纠正神经网络的实际输出结果和预期结果之间的误差。

模型训练虽然看起来就是针对输入张量进行的一系列操作，但自己从头编码实现模型训练的全流程是十分复杂的。

首先，神经网络的训练对于张量的一系列运算操作就包含非常多的类型，如卷积、全连接、各类激活函数（Relu、Sigmoid 等）、各类梯度更新算法（Adam、RMS 等）。

其次，为了将各种张量与运算操作整合起来，特别是针对一些复杂拓扑结构的神经网络运算操作的执行依赖关系、梯度计算以及训练参数进行快速高效的分析，便于优化模型结构、制定调度执行策略，从而提高机器学习框架训练复杂模型的效率。除此之外还需要考虑对于各种硬件厂商的兼容等问题，以及针对日益庞大的模型参数，还需要考虑训练过程的优化。

为避免用户从头实现一个训练神经网络，许多机器学习框架被开发出来，这些框架的目的在于简化神经网络训练的复杂性。框架提供了高级接口和内置函数，让用户可以像拼装积木一样来搭建自己的神经网络。一般来说机器学习框架都会具有如下特性。

- 抽象化的张量操作。机器学习框架通过提供抽象化的张量操作接口，使得实现各种神经网络层（如卷积、全连接等）变得更加简单。
- 计算图。为了高效执行复杂拓扑结构的神经网络运算操作以及梯度计算，这些框架使用了计算图的概念。计算图将神经网络的运算操作表示为节点，并表示它们之间的依赖关系。通过构建计算图，这些框架可以进行静态分析和优化，以提高模型训练的效率。

- 高级抽象和模型组件。机器学习框架提供了高级抽象和模型组件，如层、损失函数、优化器等。使用这些组件，开发者可以更轻松地构建和定制自己的神经网络模型。
- 社区支持和丰富的生态系统。主流框架都有庞大的开发者社区和丰富的生态系统。开发者可以从社区中获得支持、学习资源和预训练模型，加速他们的开发过程。

2. 常用的机器学习框架

1）Theano

Theano 是深度学习框架中的元老，是一个基于 Python 的库，Theano 的设计使得数学运算的定义和操作变得直观而简单。它引入了符号计算的概念，允许用户以符号变量和符号表达式的形式构建数学模型，这类似于数学推导中的符号操作。通过符号计算，Theano 能够自动推导和优化数学表达式，生成高效的计算图，以实现高性能的数值计算。

Theano 的另一个显著特点是其对 GPU 的广泛支持。通过使用 NVIDIA 的 CUDA 平台，Theano 能够自动将计算任务转移到 GPU 上执行，从而显著加速计算过程。这使得 Theano 在早期的深度学习研究中受到广泛关注和应用，为深度神经网络的训练和推理提供了高效的计算能力。

在过去相当长的一段时间里，Theano 一直是深度学习开发和研究的行业标准。作为一个学术界出身的库，Theano 最初是为满足学术研究的需求而设计的，这也使得许多深度学习领域的学者至今仍在使用 Theano。

然而，随着 TensorFlow 在 Google 的大力支持下迅速崛起，Theano 逐渐失去了它的市场份额，使用 Theano 的人越来越少。其中一个标志性的事件是 Theano 的创始人之一 Ian Goodfellow 放弃了 Theano 转而加入 Google 开发 TensorFlow 的团队。

虽然 Theano 的主要开发已经停止，但它为后续框架的发展铺平了道路。TensorFlow 和 PyTorch 等现代机器学习框架在 Theano 的基础上进行了扩展和改进，提供了更丰富的功能和更广泛的社区支持。尽管如此，Theano 仍然对深度学习和数值计算领域的发展产生了重要影响，并作为机器学习框架发展历程中的一个重要里程碑。

2）TensorFlow

TensorFlow 最早由 Google Brain 团队在 2015 年 11 月开源发布。TensorFlow 的设计灵感主要源自 Google 内部的另一个机器学习库，名为 DistBelief。

TensorFlow 在可扩展性、灵活性和跨平台支持方面进行了改进和优化。

在可扩展性方面，TensorFlow 提供了分布式计算的能力，可以将计算任务分发到多个设备或计算节点上进行并行处理。这使得 TensorFlow 能够处理大规模的数据和复杂的模型，并利用分布式计算资源提高训练和推理的效率。

在灵活性方面，TensorFlow 提供了一个图计算模型，允许用户以图的形式表示计算任务。这种模型使得用户能够以自由的方式组织和控制计算流程，从而实现各种复杂的机器学习算法和模型结构。

在跨平台支持方面，TensorFlow 支持多种操作系统和硬件平台，包括桌面计算机、服务器、移动设备和嵌入式系统。它提供了不同平台上的原生支持，可以在不同硬件和操作系统上运行，并且可以利用 GPU 和 TPU 等加速器来加速计算过程。

通过这些改进和优化，TensorFlow 迅速成为机器学习领域最受欢迎的框架之一。它的开源性质使得全球范围内的开发者和研究者可以共同参与其发展，共享模型和技术，从而推动机器学习的创新和应用。

3）PyTorch

PyTorch 源于 Torch 项目，最初由 Facebook 人工智能研究院（Facebook AI Research）开发和维护。Torch 是一个基于 Lua 语言的科学计算框架，主要用于构建神经网络模型。然而，随着 Python 在机器学习社区的广泛应用和流行，PyTorch 于 2016 年推出，作为 Torch 的 Python 版本，很快获得了巨大的关注。

PyTorch 与传统的深度学习框架相比，引入了一种更加灵活的动态计算图方式来定义和修改模型。这种动态计算图的优势在于它允许用户在构建模型时有更大的灵活性，能够更自由地进行条件判断、循环等操作，而不受静态计算图的限制。PyTorch 目前已经逐渐成为研究人员和实践者的首选框架，因为他们可以更方便地尝试新的想法，快速迭代模型的设计。

除了动态计算图的优势，PyTorch 还具有设计简洁、一致，并且与 Python 语言紧密集成的 API。这使得它非常容易上手，即使是对深度学习和神经网络模型的初学者也能迅速开始开发。PyTorch 提供了丰富的文档和示例代码，帮助用户更好地理解和使用框架。同时 PyTorch 也拥有一个庞大而活跃的开源社区，其中包括研究人员、工程师和开发者。社区提供了丰富的资源，包括预训练模型、优化技巧、最佳实践等，让用户能够快速掌握 PyTorch 并解决实际问题。此外，社区还贡献了许多扩展库和工具，进一步丰富了 PyTorch 生态系统。

4）Caffe

Caffe 是一款流行的开源深度学习框架，由加州大学伯克利分校的计算机视觉实验室（Berkeley Vision and Learning Center）开发和维护。它以其高效的计算性能和简洁的设计而受到关注，Caffe 在计算机视觉和图像识别领域得到了广泛的应用。

Caffe 的发展可以追溯到 2013 年，当时它首次发布并迅速引起了研究人员和工程师的注意。其设计的初衷是提供一种易于理解和使用的深度学习框架，以促进学术界和工业界的交流和创新。Caffe 采用了图形网络描述语言（Graphical Network Description）的方式，通过定义网络层的配置文件来构建神经网络模型，让模型的设计和修改变得灵活。

Caffe 使用文本配置文件来定义模型以及优化设置和预训练的权重。这种以文本形式给出的方式使得使用 Caffe 非常直观且易于上手。通过简单地修改配置文件，用户可以快速定义自己的模型，并且可以立即开始训练或使用已有的预训练模型。Caffe 通过与 cuDNN（CUDA 深度神经网络库）结合使用，能够实现高效的计算和快速的模型推理。在 K40 显卡上使用 Caffe 测试 AlexNet 模型，每张图片只需要 1.17 毫秒的处理时间。

Caffe 的设计具有高度的模块化特性，能够轻松扩展到新的任务和设置上。Caffe 提供了各种层类型，用户可以使用这些层类型来构建自己的深度学习模型。此外，用户还可以根据需要自定义新的层类型，或者对现有的层类型进行修改和扩展，以满足特殊的要求。Caffe 的源代码和参考模型都是公开的，用户可以自由地访问和研究 Caffe 的实现细节，并可以基于 Caffe 进行二次开发和定制。此外，Caffe 提供了一些已经训练好的参考模型，可以供用户使用，这有助于加速研究和开发过程。

5）MXNet

MXNet 最初由亚马逊公司开发并于 2015 年首次发布，它是基于分布式计算框架的深度学习库。随着时间的推移，MXNet 在深度学习社区中逐步获得认可，并在 2018 年合并了微软的 CNTK 项目。

MXNet 支持多种编程语言，具有广泛的生态系统。这让用户可以根据自己的需求和偏好选择合适的编程语言，并方便与其他流行的深度学习库和工具集成。同时 MXNet 具有出色的计算性能，能够充分利用多个计算设备的并行计算能力，包括 CPU、GPU 等。MXNet 的分布式计算功能使其适用于大规模训练和推理任务，并能在多个设备或机器上进行高效的并行计算。MXNet 提供了符号式和命令式两种模型构建方式，满足不同用户的需求。它还提供了丰富的深度学习方法和模型，包括卷积神经网络、循环神经网络和生成对抗网络等。

相比于一些较为简单易用的深度学习框架，MXNet 的学习曲线可能较陡峭。对于新手用户来说，需要一定的时间和精力来熟悉 MXNet 的概念、API 和工作流程。MXNet 与一些其他深度学习框架相比，其社区规模相对较小，文档和示例相对较少，尤其是与一些更为主流的深度学习框架相比。这可能对用户特别是初学者来说不太友好，因为他们可能需要更多地依赖官方文档，同时需要自己去探索解决问题。

3. 使用基于 TensorFlow 的 Keras 库进行模型训练

下面是用 TensorFlow 的 Keras 库来训练一个使用 CNN 来识别用户正负面情绪的模型例子。首先需要导入 TensorFlow 与 Keras 相关库，代码如下：

```
import tensorflow as tf
from tensorflow.keras.datasets import imdb
from tensorflow.keras.preprocessing import sequence
from tensorflow.keras.models import Sequential
from tensorflow.keras.layers import Embedding, Conv1D, GlobalMaxPooling1D,
Dense
```

在上述代码中，

- from tensorflow.keras.datasets import imdb，导入了 IMDB 电影评论情感分类数据集，该数据集包含电影评论以及对应的正负面情感标签。

- from tensorflow.keras.preprocessing import sequence，导入了序列预处理模块，其中包含处理文本序列数据的工具函数，如将序列填充到相同长度等。

- from tensorflow.keras.models import Sequential，导入了 Sequential 模型类，用于构建顺序模型，可以用来表示多个网络层的线性堆叠。

- from tensorflow.keras.layers import Embedding，Conv1D，GlobalMaxPooling1D，Dense，导入了一些常用的层类，包括嵌入层（Embedding）、一维卷积层（Conv1D）、全局最大池化层（GlobalMaxPooling1D）和全连接层（Dense）等。这些层类可以用来构建情感分类模型的结构。

完成以上相关依赖导入后，接下来开始进行模型训练，代码如下：

```
# 加载数据集
vocabulary_size = 10000  # 词汇表大小
(x_train, y_train), (x_test, y_test) = imdb.load_data(num_words=vocabulary_
size)

# 对文本序列进行填充和截断，使其具有相同的长度
max_sequence_length = 250  # 文本序列最大长度
x_train = sequence.pad_sequences(x_train, maxlen=max_sequence_length)
x_test = sequence.pad_sequences(x_test, maxlen=max_sequence_length)

# 构建模型
embedding_dim = 100  # 词嵌入维度
num_filters = 128  # 卷积核数量
kernel_size = 5  # 卷积核大小
hidden_units = 64  # 隐藏层单元数
model = Sequential([
    Embedding(vocabulary_size, embedding_dim, input_length=max_sequence_
length),
    Conv1D(num_filters, kernel_size, activation='relu'),
    GlobalMaxPooling1D(),
    Dense(hidden_units, activation='relu'),
    Dense(1, activation='sigmoid')
])

# 编译模型
model.compile(loss='binary_crossentropy', optimizer='adam', metrics=
['accuracy'])

# 训练模型
batch_size = 32
epochs = 10
model.fit(x_train, y_train, batch_size=batch_size, epochs=epochs,
validation_data=(x_test, y_test))

# 定义保存模型的路
saved_model_path = "model/tensorFlow"
# 保存模型
model.save(saved_model_path)
```

模型训练主要分为数据集加载、模型构建、模型编译、模型训练、模型保存这几步，下面针对上述代码对每一步进行介绍。

1）数据集加载

上述代码中首先通过 imdb.load_data( ) 函数加载 IMDB 数据集。该函数返回一个元组，包含训练集和测试集的特征和标签数据。x_train 是训练集的特征数据，它是一个由整数序列组成的列表。每个整数代表 IMDB 数据集中的一个词语，整数的大小表示该词语在数据集中的索引位置。y_train 是训练集的标签数据，它是一个由二进制情感标签组成的列表：正面情感标签为 1，负面情感标签为 0。

x_test 和 y_test 则是测试集的特征数据和标签数据，其格式与训练集相同。在深度学习任务中，将数据集分为训练集和测试集是一种常见的做法。训练集用于训练模型参数，而测试集则用于检验模型是否过拟合。过拟合指的是模型在训练集上表现良好，但在未见过的数据上表现较差。通过在测试集上评估模型性能，可以发现模型是否过拟合，帮助进行模型调优和泛化能力改进。通过将模型应用于未在训练过程中使用的数据，可以更客观地了解模型对新数据的预测能力。

完成数据集加载后使用 sequence.pad_sequences( ) 函数对特征数据进行填充操作，在自然语言处理任务中，文本序列的长度往往是不同的，但为了将它们输入到神经网络模型中进行训练，通常需要将它们转换为具有相同长度的序列。这就需要使用填充操作，将序列填充到固定的长度。在上述代码中，x_train 和 x_test 分别表示训练集和测试集数据，它们是由整数序列组成的列表。在执行代码时，pad_sequences( ) 函数会检查每个序列的长度，并对长度不足 maxlen 的序列进行填充操作。填充的方式通常是在序列的开头或结尾添加特定的填充符号，使得序列的长度达到 maxlen。

2）模型构建

接下来对整个模型进行一个构建，代码如下：

```
# 构建模型
embedding_dim = 100   # 词嵌入维度
num_filters = 128   # 卷积核数量
kernel_size = 5   # 卷积核大小
hidden_units = 64   # 隐藏层单元数
model = Sequential([
    Embedding(vocabulary_size, embedding_dim, input_length=max_sequence_
length),
    Conv1D(num_filters, kernel_size, activation='relu'),
    GlobalMaxPooling1D(),
    Dense(hidden_units, activation='relu'),
    Dense(1, activation='sigmoid')
])
```

以上代码定义了一个卷积神经网络（CNN）模型，该模型融合了 Embedding 层、Conv1D 层、GlobalMaxPooling1D 层及 Dense 层。

- Embedding 层：是模型的第一层，用于将输入的整数序列转换为词嵌入（词向量）表示。vocabulary_size 表示词汇表的大小，embedding_dim 表示词嵌入的维度，input_length 表示输入序列的长度（即填充后的最大序列长度）。

- Conv1D 层：是一个一维卷积层，用于在文本序列上进行局部特征提取。num_filters 表示卷积核的数量，即输出的通道数；kernel_size 表示卷积核的大小，它决定了每次卷积的窗口大小。
- GlobalMaxPooling1D 层：是一个全局最大池化层，用于提取卷积层输出的最显著特征。它通过对每个卷积核输出的序列进行最大池化操作，将每个通道的特征降维为一个单一的值。
- Dense 层：是一个全连接层，用于进行非线性变换和特征组合。第一个 Dense 层的 hidden_units 参数表示隐藏层的单元数，即输出的维度，它使用 ReLU 激活函数来引入非线性性质。第二个 Dense 层的输出维度为 1，使用 Sigmoid 激活函数，用于进行二分类的概率预测。

通过将这些层按顺序组合在一起，构建了一个简单的评价分类模型。输入经过 Embedding 层后，经过卷积和池化操作提取特征，然后通过全连接层进行特征组合和转换，最后输出一个二分类的概率预测结果。

3）模型编译

完后模型的构建之后接下来使用 compile( ) 方法进行模型编译，代码如下：

```
  # 编译模型
model.compile(loss='binary_crossentropy', optimizer='adam',
metrics=['accuracy'])
```

上述代码中 compile( ) 的入参包含几个参数，分别是 loss（损失函数）、optimizer（优化器）、metrics（评估指标）。

- 损失函数用于量化模型在训练过程中的预测误差，指导模型参数的优化方向。在上述代码中使用了二分类任务常用的交叉熵损失函数。交叉熵是一种衡量模型预测结果与真实标签之间差异的指标。
- 优化器指定了模型使用的优化算法。上述代码使用了 Adam 优化器，它是一种常用的自适应学习率优化算法，Adam 优化器可以自动调整学习率。
- 在这个例子中，使用了准确率（accuracy）作为评估指标。评估指标在机器学习模型的训练和评估过程中起到了至关重要的作用，它们提供了模型性能的量化度量方式，有助于了解模型的优点和潜在不足。准确率是一个直观且常用的分类性能度量方式，它反映了模型在所有样本中正确分类的比例。具体而言，准确率是通过将模型预测正确的样本数量除以总样本数量来计算的。这一指标能够提供一个快速而简洁的模型性能概览，在处理平衡分类问题时表现尤为出色。

通过调用 compile( ) 函数，模型会根据指定的损失函数、优化器和评估指标进行配置，以便在训练过程中使用。这样，模型就准备好了进行训练和评估。

4）模型训练

完成了模型的构建与编译后，接下来就可以进行模型训练，代码如下：

```
# 训练模型
batch_size = 32
epochs = 10
model.fit(x_train, y_train, batch_size=batch_size, epochs=epochs,
validation_data=(x_test, y_test))
```

在深度学习的模型训练过程中，参数的设定至关重要，它们直接影响了模型的训练效率和性能。上述代码段中，设定了 batch_size 和 epochs 这两个关键参数。

batch_size 是一个控制训练数据批量大小的参数。在深度学习实践中，通常不会一次性整个训练集送入模型进行训练，而是将训练数据划分为多个小批量（或称为"批次"），每次迭代只处理一个小批量。这样做的好处在于，它不仅可以减少计算资源的消耗，使得模型训练更为高效，同时还能引入一定的随机性，有助于模型的泛化能力。在这个例子中将 batch_size 设置为 32，意味着在每次迭代中，模型将处理 32 个样本作为一个训练批次。

epochs 参数则指定了模型在整个训练集上要进行多少轮次的训练。在每一轮训练中，模型都会遍历整个训练集一次。因此，epochs 的值越大，模型训练的轮次越多，对训练数据的拟合程度也可能越高。然而，过高的 epochs 值也可能导致模型过拟合，即在训练集上表现很好，但在测试集或实际应用中性能下降。因此，在选择 epochs 的值时，需要综合考虑模型的性能、训练时间以及过拟合的风险。在这个例子中将 epochs 设置为 10，意味着模型将在整个训练集上进行 10 轮次的训练。

model.fit( ) 函数用于开启模型的训练过程。参数 x_train 表示训练集的特征数据；即输入数据；y_train 表示训练集的标签数据，即对应的输出数据（这里指正负面评价的标签）；batch_size 表示每个批次的样本数量；epochs 表示迭代次数，即训练数据集的轮次；validation_data 表示验证数据的特征数据和标签数据，对应到这里是上文提取的验证集 x_test 与 y_test。在每个训练周期结束后，模型将使用验证数据进行评估，以监控模型在未见过的数据上的性能。通过调用 model.fit( ) 函数，模型将在训练数据上进行指定数量的迭代训练，并根据损失函数和优化器进行参数更新。在训练过程中，模型会逐渐优化自身的权重，以最小化损失函数。

5）模型保存

模型训练完成之后接下来将训练好的模型保存起来，代码如下：

```
# 定义保存模型的路
saved_model_path = "model/tensorFlow"
# 保存模型
model.save(saved_model_path)
```

上述代码使用 model.save( ) 将模型默认保存为 SavedModel 格式。SavedModel 是一种 TensorFlow 的标准模型保存格式，它包含了模型的架构、权重参数以及计算图的定义等信息。model.save( ) 用于保存模型为 SavedModel 格式，它接受一个参数；saved_model_path 指定保存模型的路径。它可以是本地文件系统的路径，例如"/path/to/saved_model/"，也可以是远程文件系统的路径。运行这段代码时，TensorFlow 将模型保存为 SavedModel 格式，并将其写入指定的路径。SavedModel 文件夹中包含了模型的各个部分，包括：

- assets 文件夹，存储与模型相关的任何其他资源，例如文本文件、配置文件等。
- variables 文件夹，存储模型的权重参数。
- saved_model.pb 文件，存储模型的计算图定义和签名信息。

10.2 模型推理

10.2.1 什么是模型推理

模型推理是指使用已经经过训练和优化的模型，对新的、未见过的输入数据进行预测、分类或生成输出的过程。在模型推理阶段，模型不再进行训练和参数优化，而是对输入数据进行处理，并生成对应的输出结果。在模型推理过程中，输入数据被传递给模型的前向传播过程。模型根据其学习到的权重和结构，对输入数据进行处理，逐层计算和转换，最终生成输出结果，这些输出结果可以是预测的标签、概率分布、连续值或其他任务特定的输出。

模型推理过程主要涉及基于已经训练好的参数，利用它们来处理新的输入数据。这意味着推理过程的计算成本通常比训练过程低，因为不需要进行反向传播、梯度计算和参数更新等训练相关的操作。

10.2.2　基于 TensorFlow 进行模型推理

上文使用了 TensorFlow 框架训练了一个使用 CNN 识别用户关于电影正负面评论的模型，以下代码展示了如何使用训练好的模型进行推理。

```
import tf2onnx
import tensorflow as tf
from tensorflow.keras.datasets import imdb
from tensorflow.keras.preprocessing import sequence

max_sequence_length = 250   # 文本序列最大长度
model = tf.keras.models.load_model('model/tensorFlow')
# 对新的评论分类预测
predict_text = ["I like the movie!"]
predict_sequences = [imdb.get_word_index().get(word.lower(), 0) + 3 for
word in predict_text]
predict_sequences = sequence.pad_sequences([predict_sequences],
maxlen=max_sequence_length)
predictions = model.predict(predict_sequences)
# 输出预测结果
for text, prediction in zip(predict_text, predictions):
    print(f"Text: {text}")
    print(f"Prediction: {' 正面 ' if prediction >= 0.5 else ' 负面 '}")
```

上述代码使用 tf.keras.models.load_model( ) 函数加载了在上文模型训练过程中保存在"path_to_save_model"路径下的模型。该函数会将保存的模型加载到 model 变量中，以便进行后续的预测。接下来定义了一个需要进行情绪分类预测的文本："I like the movie!"。通过遍历其中的词语，将其转换为对应的索引（这里加上 3，这是因为在 IMDB 数据集中，预先在 0、1、2 这三个位置定义了一些特殊的标记。为了避免与这些特殊标记的索引产生冲突，通常会对所有词语的索引进行偏移处理）。接下来调用 sequence.pad_sequences( ) 函数，将转换后的文本序列填充或截断为 max_sequence_length 的长度。这是为了确保输入的序列具有和训练时相同的长度，以便能够输入到模型中进行预测。之后调用 model.predict( ) 函数，对填充后的文本序列进行情绪分类预测，它会返回一个概率值，表示文本属于正面情绪的概率。最后，使用一个循环遍历新的文本和对应的预测结果。根据预测概率是否大于或等于 0.5，将情绪预测为"正面"或"负面"，并将结果打印输出。

10.3　模型部署与服务化

10.3.1　什么是模型部署

当成功训练好一个机器学习或深度学习模型后，为了将模型应用于实际的生产环境中来完成各种任务，如预测、分类或生成结果，需要对模型进行部署。模型部署的目标是将模型放置到一个可运行的环境中，以便能够接收输入并输出结果。

10.3.2　ONNX 开放模型交换格式

根据模型实际应用的场景，可以选择模型是部署到边缘设备 / 移动端上，还是部署到服务端 / 云端上。部署到边缘设备 / 移动端这种方式能够将模型推理的计算能力带到离数据源更近的地方，减少数据传输延迟和依赖云服务的需求，它适用于需要低延迟、隐私保护或离线运行的场景。如果应用需要处理大量数据、进行高性能计算或需要可扩展性，将模型部署到服务端 / 云端是一个更适合的选择。在服务端 / 云端部署，可以利用强大的服务器资源和云计算平台来处理模型推理请求。这种部署方式适用于需要处理大规模并发请求、复杂计算，或需要与其他服务和系统进行集成的场景。

为了让一个训练好的模型能够跨平台部署，（跨平台举例：一个以TensorFlow 为基础的框架训练的模型，部署到使用 Caffe2 框架的移动设备上时，不需要重新训练一次），需要定义一种通用的开放格式，能够在不同的深度学习框架之间无缝转换模型。为了达成这一目标，ONNX 格式应运而生。

ONNX（Open Neural Network Exchange）是一种开放深度学习模型交换格式，用于存储训练好的模型，它的目标是实现不同的模型框架之间能够使用相同的格式来存储和交换模型数据。ONNX 的规范和代码是由微软、亚马逊、Facebook、IBM 等公司共同开发的，并以开放源代码的方式托管在 GitHub 上，这种合作和开放的方式促进了行业间的合作和共享。

通过使用 ONNX，开发者可以在不同的深度学习框架之间轻松转换模型。例如，可以使用 TensorFlow 训练一个模型，然后将其转换为 ONNX 格式。这样，其他框架如 Caffe2、PyTorch、TensorRT、ONNXRuntime 等都可以加载这个 ONNX 模型，并进行推理和应用。这种灵活性和互操作性使得开发者能够更自由地选择和使用不同的工具和框架，同时也促进了模型的可移植性和共享。

10.3.3　使用 ONNX Runtime 部署 ONNX 模型

ONNX Runtime 是由微软开源的一个项目，用于实现跨平台的模型部署，它支持多种编程语言、框架、操作系统和硬件平台。一旦将模型从 PyTorch、TensorFlow 等框架转换为 ONNX 格式，就可以使用 ONNX Runtime 进行模型推理，而无须依赖原始的训练框架，这使得模型的部署更加便捷和通用化。除了提供跨平台支持，ONNX Runtime 还通过内置的图优化策略和集成的硬件加速库，提供更快的推理速度。即使在相同的硬件平台上，ONNX Runtime 也可以比 PyTorch 和 TensorFlow 等框架获得更好的运行性能。这是由于 ONNX Runtime 专门优化了 ONNX 格式的模型，以提高推理的效率和速度。

通过使用 ONNX Runtime，开发人员可以更加灵活地部署和使用已训练的模型，而不受特定框架的限制。此外，由于 ONNX Runtime 的跨平台特性，可以在各种设备上运行模型，包括移动设备、边缘设备和云服务器等。

下面使用 ONNX Runtime 来加载上文中使用 TensorFlow 训练的情绪分类模型的例子。首先需要把上文已经使用 TensorFlow 训练好的情绪分类模型转化为 ONNX 模型，代码如下：

```
import tf2onnx
import tensorflow as tf
# 文本序列最大长度
max_sequence_length=250
# 加载已训练的 TensorFlow 模型
model = tf.keras.models.load_model('model/tf_model')
onnx_model_path = "model/onnx_model.onnx"
# 将模型转化为 onnx 格式
tf2onnx.convert.from_keras(model,input_signature=[tf.
TensorSpec(shape=(None,max_sequence_length),dtype=tf.int32)],output_
path=onnx_model_path)
```

上述代码首先导入 tf2onnx 库，tf2onnx 是一个用于将 TensorFlow 模型转换为 ONNX 模型的工具库。使用 tf2onnx.convert.from_keras( ) 函数将上文训练的模型转换为 ONNX 模型。input_signature 参数指定了输入的形状和数据类型 output_path 指定了转换后 ONNX 模型的保存路径。完成了模型转换之后，通过 ONNXRuntime 加载模型并预测，代码如下：

```
import onnxruntime
from tensorflow.keras.datasets import imdb
from tensorflow.keras.preprocessing import sequence

# 加载 ONNX 模型
model_path = 'model/onnx_model.onnx'
session = onnxruntime.InferenceSession(model_path)

# 构造输入
max_sequence_length = 250
new_texts = ["I like the movie!"]
new_sequences = [imdb.get_word_index().get(word.lower(), 0) + 3 for word
in new_texts]
new_sequences = sequence.pad_sequences([new_sequences], maxlen=max_
sequence_length)

# 使用 ONNX 模型进行预测
inname = [input.name for input in session.get_inputs()]
output = session.run(None, {inname[0]: new_sequences})

# 输出预测结果
for text, prediction in zip(new_texts, output):
    print(f"Text: {text}")
    print(f"Prediction: {'Positive' if prediction >= 0.5 else 'Negative'}")
```

上述代码展示了如何使用 Python 来部署 ONNX 模型，通过调用 onnxruntime.InferenceSession( ) 函数加载模型并创建会话对象，然后使用 session.run( ) 方法传递输入数据给模型并获取结果。不仅仅局限于 Python，ONNX Runtime 还支持使用其他编程语言进行模型部署，例如 C#、C++、C、或 Java 等。这意味着可以根据不同的需求和技术栈选择合适的编程语言来部署 ONNX 模型。

10.3.4　模型服务化

在需要把模型部署到服务端的情况中，可以将 ONNX 模型使用相应的编程语言进行加载，并通过 RESTful API 或 RPC 等形式提供模型服务。这使得模型能够在不同的应用程序和平台之间共享和调用，以满足特定的业务需求。模型服务化结构如图 10-1 所示。

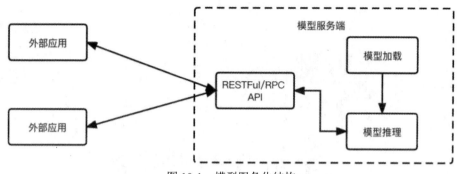

图 10-1　模型服务化结构

在模型服务中通过 ONNX Runtime 等方式将模型进行加载，模型加载完毕后，可以通过 RESTful API 或 RPC 的方式将模型服务对外提供。外部应用可以通过远程调用的方式使用模型服务的接口进行模型推理。它们可以向模型服务发送推理请求，包含输入数据和相应的参数。模型服务将使用加载的模型对输入数据进行推理，并生成推理结果。最后，模型服务将推理结果返回给外部应用。

10.4　本章小结

本章首先对模型训练、推理和部署的概念进行了解释，并介绍了为什么需要使用模型训练框架。其次，列举了几种常用的模型训练框架，包括 Theano、TensorFlow、PyTorch、Caffe 和 MXNet。其中以 TensorFlow 为例，演示了如何使用 TensorFlow 训练一个模型，该模型用于识别用户对电影评价的情感属于正面还是负面。再次，探讨了模型推理的过程，并展示了如何使用 TensorFlow进行推理，使用训练好的模型对新数据进行预测。最后，讨论了模型部署的问题。由于实际应用场景的多样性，为了让用户可以选择将模型部署到不同的平台或使用不同的框架进行部署。引入了开放模型交换格式 ONNX，并以 ONNXRuntime 为例，展示了如何将使用 TensorFlow 训练的模型转换为 ONNX 格式，并进行加载和部署。然后向读者简单介绍了如何将模型服务化。

通过这些步骤，读者可以了解模型训练、推理和部署的基本概念，以及常用的模型训练框架和部署工具。这将帮助读者更好地了解和应用机器学习模型在实际场景中的训练、推理和部署过程。

## 第11章

ChatGPT带来的
新机遇

2022年11月，名为ChatGPT的聊天工具如流星划过夜空，瞬间引爆了全球的关注与热情。仅仅两个月的时间，这款由人工智能公司OpenAI推出的基于生成式AI模型的聊天工具已经在互联网的舞台上声势鼎盛，月度活跃用户数突破了1亿，彻底颠覆了当时的消费者应用市场。ChatGPT迅速将人工智能技术生成内容（AIGC）领域带上了风口浪尖，这项技术成为了当年的焦点。

11.1　ChatGPT 的诞生与演进

ChatGPT 是美国人工智能研究实验室 OpenAI 新推出的一款人工智能技术驱动的自然语言处理工具，使用了 Transformer 神经网络架构，也是 GPT-3.5 架构，这是一种用于处理序列数据的模型，拥有语言理解和文本生成能力，尤其是它会通过连接大量的语料库来训练模型，这些语料库包含了真实世界中的对话，使得 ChatGPT 具备上知天文下知地理，还能根据聊天的上下文进行互动的能力。ChatGPT 不单是聊天机器人，还能进行撰写邮件、视频脚本、文案、翻译、代码等任务。OpenAI 作为一家于 2015 年创立的人工智能研究机构，由一群杰出的企业家、研究学者和技术专家联手打造，旨在探索人工智能技术的边界，并致力于创造造福全人类的创新性解决方案。

OpenAI 的声誉源自其推出的 GPT 系列自然语言处理模型。自 2018 年起，OpenAI 开始发布基于生成式预训练变换器（Generative Pre-trained Transformer）框架的语言模型，这些模型具备生成文章、代码、机器翻译、问答等多种内容的能力。

最初的 GPT-1 采用了数十亿个文本文档进行训练，其参数量达到 1.1 亿个。训练过程中，使用了一个 5GB 的 BooksCorpus 数据集，并在 8 台内存为 2GB 的 P600 图形处理器上进行了长达一个月的训练。然而，当时的 GPT 虽然效果不差，却未能带来突破性的表现，因此并未引起太多关注。

2019 年，GPT-2 横空出世，其参数量飙升至 15 亿个。在数据方面，OpenAI 从 Reddit 上抓取了点赞数超过 3 个的文章链接，并通过清洗整理，获得了 40GB 的文本数据。GPT-2 展现出了令人瞩目的生成能力，引发了广泛的关注和讨论。

2020 年，GPT-3 登场，其参数量达到了前所未有的 1750 亿个。仅纯文本训练数据就达到了惊人的 570GB。与此同时，GPT-3 摒弃了 GPT-1 的微调方法，引入了全新的技术路径，使模型能够直接以自然语言的形式进行指示，从而实现了高度的对话交互能力。

紧接着，2022 年 1 月，GPT-3.5 发布，成为了 GPT-3 之后 OpenAI 的下一代巨型预训练语言模型。GPT-3.5 的三个不同规模的变体拥有 13 亿、60 亿和 1750 亿个参数，这是对规模的一次显著跃升。引人瞩目的是，GPT-3.5 引入了"强化学习与人类反馈"的概念，通过遵循人类价值观的政策，有效地减少了模型生成有害或偏见内容的可能性。这一举措使得 GPT-3.5 不会产生暴力、色情、种族歧视或政治敏感的文本。

2022 年 12 月，ChatGPT 在 GPT-3.5 的基础上诞生，并立即成为一款备受瞩目的产品。ChatGPT 因其广泛的应用领域而引起了极大的轰动，其能够撰写散文、编写代码、生成报告，甚至能够在代码中寻找并纠正错误。相较之前的人工智能产品，ChatGPT 在智能化程度上实现了质的飞跃，为技术和创意的交融创造了新的可能性。

2023 年 3 月，GPT-4 诞生，这意味着它是 OpenAI 软件的第四次迭代，GPT-4 最令人眼花缭乱的新功能之一是不仅能处理文字，还能处理图片，即所谓的"多模态"（multimodal）技术。用户可以在提交文字的同时提交图片——GPT-4 将能够处理和讨论这两方面的内容。

11.2 ChatGPT 的原理

ChatGPT 的起源可以追溯到一系列的演进，包括 GPT-1、GPT-2、GPT-3、GPT-4。这一系列的模型是由 OpenAI 开发的，它们的共同特点都是预训练的语言模型，GPT 模型全称是"Generative Pre-Trained Transformer"，正如名称所示，GPT 是基于 Transformer 架构的大模型。

实际上，ChatGPT 是一种基于 Transformer 核心网络结构的大型语言模型（Large Language Model，LLM），所以要了解 ChatGPT，不可避免地需要先了解 Transformer 架构。因此，本小结将先介绍 Transformer 架构，再按 GPT-1 → GPT-2 → GPT-3 → GPT-4 的顺序，逐一揭开 ChatGPT 的神秘面纱。

11.2.1 Transformer 架构

Transformer 模型是由谷歌公司提出的一种基于"自注意力机制"的神经网络模型，用于处理序列数据。相比于传统的循环神经网络模型，Transformer 模型具有更好的并行性能和更短的训练时间，因此在自然语言处理领域中得到了广泛应用。Transformer 是一种深度学习模型，于 2017 年由 Vaswani 等人在论文 *Attention Is All You Need* 中首次提出。它在自然语言处理任务中取得了突破性成果，成为序列处理任务的主流模型。Transformer 架构主要用于建模语言理解任务，它避免了在神经网络中使用递归，而是完全依赖 Self-Attention 机制来绘制输入和输出之间的全局依赖关系。

那什么又是"自注意力机制"（Self-Attention）呢？先来看看注意力机制（Attention），其最早是在视觉图像领域提出来的，Attention 机制的本质来自人类视觉注意力机制。人们视觉在感知东西的时候一般不会是一个场景全部都看，而往往是根据需求观察注意特定的一部分。而且当人们发现一个场景经常在某部分出现自己想观察的东西时，人们会进行学习，在将来再出现类似场景时把注意力放到该部分上。

当大家看到如图 11-1 所示图片，会首先看到什么内容？是老虎而不是草坪。当过载信息映入眼帘时，我们的大脑会把注意力放在主要的信息上，这就是大脑的注意力机制。同样，当我们读一句话时，大脑也会首先记住重要的词汇，这样就可以把注意力机制应用到自然语言处理任务中，于是人们就通过借助人脑处理信息过载的方式，提出了 Attention 机制。

图 11-1　老虎图片

注意力机制模仿生物观察行为的内部过程，即一种将内部经验和外部感觉对齐从而增加部分区域的观察精细度的机制。注意力机制可以快速提取稀疏数据的重要特征，因而被广泛用于自然语言处理任务，特别是机器翻译。而"自注意力机制"是注意力机制的改进，其减少了对外部信息的依赖，更擅长捕捉数据或特征的内部相关性。

目前一种主流架构 Transformer 通过使用自注意力机制在 NLP 领域取得的较好的效果，Transformer 整体结构如图 11-2 所示。

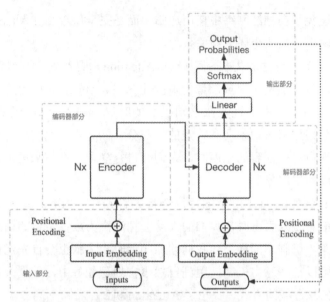

图 11-2　Transformer 整体结构

Transformer 的架构包括输入、输出、编码器和解码器部分，下面对这四部分进行依次讲解。

1. 输入部分

如图 11-3 所示，输入部分包含 Inputs 部分的输入和 Outputs 部分的输入，Inputs 输入部分就是原始的序列输入，而 Outputs 是解码器上一个时间序列的输出。以"苹果是红色"翻译成英文这个任务为例，整个流程如图 11-3 所示。

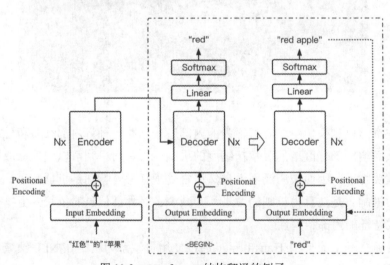

图 11-3　transformer 结构翻译的例子

图 11-3 中的"红色的苹果"这个句子，会通过分词后转化为词向量一次性全部输入给编码器。在解码器输出的时候并不是一次性把结果全部输出，而是第一次输出"red"，第二次输出的是基于第一次的结果输出"apple"，如图 11-3 右边部分。而这里的 Outputs 的输入内容就是上一轮解码器的输出结果。图 11-3 中，在最开始的第一轮中因为解码器之前没有输出结果，则使用 <BEGIN> 标志位作为第一轮的 Outputs 输入，在第二轮中 Outputs 输入则会使用上一轮解码器的输出结果"red"，作为下一轮的输入。

2. 输出部分

在 Transformer 使用解码器输出的时候，输出向量会经过线性变换，然后再使用 softmax 层转化为输出 token 的概率。例如，一个专注于将其他语言翻译为英文的 Transformer，Transformer 输出的 token 范围在 4 万个常用英文词语内，那么解码器通过线性变换以及 softmax 层的输出为 40000 个词语的概率，最终取概率最高的那个词语作为输出，如图 11-4 所示。

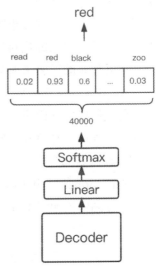

图 11-4　Transformer 输出结构

3. 编码器部分

Transformer 架构编码器部分由 N 个编码器层堆叠而成，每个编码器层内部详细结构如图 11-5 所示。

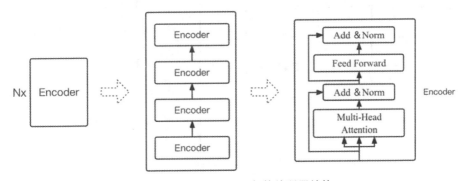

图 11-5　Transformer 架构编码器结构

如图 11-5 所示，每个编码器层内部结构主要包含一个多头自注意力层（Multi-Head Attention），一个前馈神经网络层（Feed-Forward）和两个层标准化以及残差连接层（Add&Norm）。

1）多头自注意力层（Multi-Head Attention）

自注意力的概念上文已经提到过，而多头（Multi-Head）的意思是允许编码器关注输入序列中的不同部分。通过在多个自注意力头上并行计算，模型可以学习到输入序列的不同表示。每个自注意力头的输出向量经过拼接和线性变换后，形成多头自注意力模块的输出。

2）层标准化以及残差连接层（Add&Norm）

多头自注意力层以及前馈神经网络层的输出都会由层标准化以及残差连接层进一步处理。残差连接层的主要作用是通过解决训练过程中的梯度消失和梯度爆炸问题，允许梯度更容易地反向传播，减轻了训练深层网络的难度。在残差连接之后，层标准化对每一层的输出进行规范化。通过对每一层的输出进行归一化处理有助于加速训练过程并提高模型的泛化性能。

3）前馈神经网络层（Feed-Forward Neural Network）

前馈神经网络模块进一步处理多头自注意力层的输出。非线性变换和特征提取来加强模型对输入序列的表示能力。

4. 解码器部分

Transformer 架构解码器部分也是由 N 个编码器层堆叠而成，每个编码器层内部详细结构如图 11-6 所示。

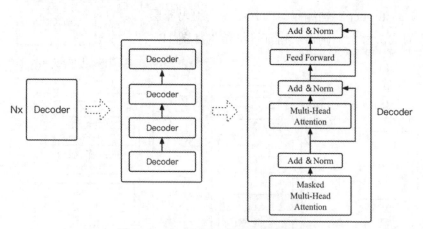

图 11-6　Transformer 架构解码器结构

从图 11-6 中可以看出，解码器结构与编码器十分类似。但是解码器输出结果并不像编码器一样是一次性处理输入，而是有时序的概念，每次输出都基于之前预测的结果，如图 11-6 右侧部分所示。这就要求在训练的时候解码器的输出结果不能使用序列后面的内容，因为在实际预测的时候，如翻译任务，解码器只能知道已经翻译过前面的内容，而不知道后面还没有进行翻译的内容。为了防止这类情况发生，解码器的第一个多头自注意力层（Multi-Head Attention）加入了 Masked 操作，在训练的时候将后面序列的内容屏蔽掉。

综上所述，Transformer 架构整体结构如图 11-7 所示。

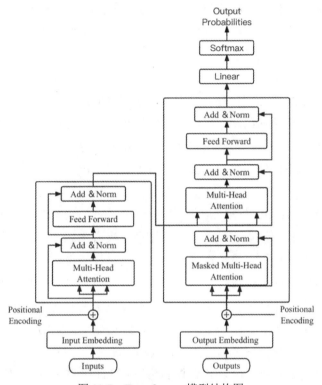

图 11-7　Transformer 模型结构图

Transformer 架构通过引入多头自注意力机制，使模型能够在不同抽象层次上捕捉输入序列的信息。此外，Transformer 模型还引入了位置编码来补充序列中词语的位置信息，从而在处理序列时保留顺序关系。该架构自从提出以来，已成为 NLP 领域的主流架构，许多先进的预训练模型，如 BERT、GPT，都基于 Transformer 架构进行扩展，为 NLP 领域带来了一系列突破性的成果。

11.2.2　GPT 系列模型

GPT 系列模型代表了自然语言处理领域的一系列重要进展，从发版顺序可以分为 GPT-1、GPT-2、GPT-3、GPT-4，每个版本都在前一版本的基础上进行了改进和扩展。下面将逐一介绍各种版本的 GPT 模型，以便读者更好地了解它们的演化和特点。

1. GPT-1

在讲解 GPT-1 之前先简单介绍一下模型预训练与微调的概念。

模型预训练（Pretrained Models）的基本思想是首先在大规模数据集上训练一个模型，然后将这个经过训练的模型的权重参数保存下来，以便后续的任务中可以使用它作为起点进行微调。

微调（Fine-Tuning）是指在训练机器学习或深度学习模型的过程中，使用预训练好的模型作为起点，然后在特定任务或领域中进一步调整模型的参数，使其适应特定的任务或问题。模型微调的优势在于它可以利用预训练模型已经学到的通用知识，将其迁移到特定任务上，从而加速了模型在新任务上的学习过程。这一方法使得模型可以在各种任务上表现出色，同时减少了需要大规模标注数据的需求。

GPT-1 是 *Improving Language Understanding by Generative Pre-Training* 一文中提出的生成式预训练语言模型。这一模型的核心思想是通过两个阶段的训练来实现：首先是利用语言模型进行预训练（无监督形式），该步作为第一阶段；然后通过微调（Fine-tuning）的方式来解决各种下游任务（监督模式下），该步作为第二阶段。GPT-1 在许多下游任务上表现出色，其中包括文本分类、语义相似度以及问答等。在多个下游任务中，经过微调的 GPT-1 系列模型的性能都超过了当时针对特定任务训练的最优模型。

在模型结构上 GPT-1 仅采用了 Transformer 的解码器结构，如图 11-8 所示。

最初，Transformer 结构被引入机器翻译任务中，这一任务要求将序列从一种语言翻译为另一种语言。为此，Transformer 设计了编码器（Encoder）来提取源语言句子的语义特征，以及解码器（Decoder）来提取目标语言句子的语义特征，并生成相应的翻译结果。

然而，GPT-1 的目标是为单序列文本的生成任务提供服务，因此它舍弃了编码器部分，保留了解码器的掩码多头注意力层（Masked Multi-Head Attention）和前馈神经网络层（Feed Forward Layer），并且扩展了网络规模。它将层数扩增至 12 层，同时将注意力机制的维度从原先的 512 扩展到 768，注意力头数也从 8 个增加到 12 个。另外，GPT-1 将前馈神经网络层的隐藏单元维度从 2048 增加到 3072。这些变化使得 GPT-1 的参数总量达到 1.5 亿个，进一步提升了模型的表现能力。

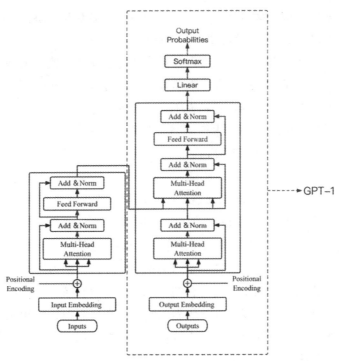

图 11-8　GPT-1 只使用部分 Transformer 结构

如图 11-9 所示，整个结构包含微调和
预训练两个部分。在预训练部分中，GPT-1
使用 12 个 Transformer 模块变体后的结
构，只包含 Decoder 中的 Mask Multi-Head
Attention 以及 Feed Forward。在预训练之后
是微调部分，在使用中会根据不同的下游
任务进行不同类型的微调，比如图 11-8 中
的文本预测（Text Prediction）和任务分类
（Task Classifier）。

2. GPT-2

如上文所说 GPT-1 是先用语言模型进
行预训练（无监督形式），然后通过微调
（Fine-tuning）的方式来解决各种下游任务
（监督模式下）。这种方式虽然借助预训练
提升模型的能力，但是本质上还是需要有

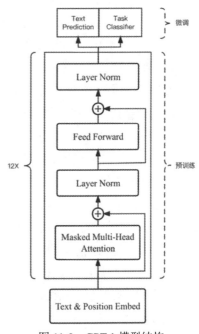

图 11-9　GPT-1 模型结构

监督的微调才能使得模型执行下游任务。这种微调需要在下游任务上有标注的数据，当只有很少量的可用数据时就不再适用了。

GPT-2与GPT-1主要的一个区别是GPT-2完全变成无监督训练，可以不用微调直接用于下游任务，属于零样本学习（Zero-Shot Learning）。

零样本学习是一种机器学习和人工智能领域的方法，它的目的是让模型能够在从未见过的类别或任务上进行预测或学习，即在没有对新类别进行任何样本训练的情况下进行分类或生成。

举一个例子，带着孩子去动物园。当孩子看到棕熊时，你可以告诉他："宝宝，你看，那只大熊是棕熊。"接着，你可以继续提出一个要求："还有一种熊的外观和棕熊很相似，但却是雪白色的，被称为北极熊。可以在动物园里试着找找看有没有北极熊。"虽然孩子之前从未见过北极熊，但他仍然可以成功地找到它。这个例子涵盖了零样本学习的概念。零样本学习旨在实现类似的效果，就像在动物园里，孩子通过与你的交流，即使没有亲身经历，也能够根据描述和已有的知识，顺利找到并认识新的动物。在计算机科学领域，零样本学习就是让模型在没有见过新类别样本的情况下，能够根据已知类别和它们的语义关系，进行准确的分类或推理。

GPT-2的目标旨在训练一个泛化能力更强的模型，相比GPT-1，GPT-2的模型规模更大，它拥有更多的层数和更大数量的隐藏单元，更重要的是它使用了更多的网络参数和更大的数据集。

3. GPT-3

GPT-2的最大贡献是验证了通过海量数据和大量参数训练出来的模型有迁移到其他类别任务中而不需要额外的训练。另外GPT-2表明随着模型容量和数据量的增大，其潜能还有进一步开发的空间，基于这个思想，GPT-3诞生了。

GPT-3模型的规模庞大，拥有1750亿个参数，这使其参数数量是GPT-2模型的100多倍。尽管GPT-3的参数规模庞大，但与其前身GPT-2相比，GPT-3在模型架构方面并没有进行重大的修改。相反，它采用了更多、更宽的层以及更丰富的数据集进行训练。

GPT-2期望通过零样本学习（Zero-Shot）来执行自热语言理解任务。GPT-3模型转变思路通过以下几种方式来探索模型优化的方式。

小样本学习（Few-Shot），模型在推理过程中，仅仅利用少量的下游任务示例作为限制条件，但并不允许对预训练模型中的权重进行更新。这个方法的一个显著优点在于，它并不需要大量的下游任务数据，而且由于不更新预训练模型权重，避免了模型在微调阶段可能出现的过拟合问题。然而，虽然小样本学习在一些情况下能够表现出色，但其在最终效果上可能不如经过充分微调的模型。尽管如此，这种方法仍然能够通过使用少量下游任务数据来达到令人满意的结果。

单样本学习（One-Shot）是小样本学习中的一个特殊情况，只有一个下游任务示例。在这种情况下，模型在推理阶段只能依靠这个唯一的下游任务示例来进行学习和预测。

GPT-3 在实验中表明模型能力随着参数数量的增加而提高，同时 Few-Shot 或 One-Shot 取得优于 Zero-Shot 的效果。

4. GPT-4

GPT-4 已经发布有一段时间了，但是出于安全等各方面考虑，OpenAI 并没有公布 GPT-4 的技术细节和代码，通过一些消息来看，GPT-4 可能拥有万亿参数，同时模型展示出许多新的特性，整体效果优于 GPT-3，特别是在更复杂和微妙的情境下理解和生成自然语言文本的能力，以及多模态的能力，具体包括以下内容。

在多种最初设计给人类的考试评估中，GPT-4 表现出色，通常超过了大多数人类考试者。举例来说，在一场模拟的律师资格考试中，GPT-4 的得分位于前 10% 的考试者之中，与得分位于后 10% 的 GPT-3 形成了显著对比，显示了 GPT-4 在理解和应用知识方面的巨大潜力。

优秀的 NLP 基准测试表现，GPT-4 在一系列传统的 NLP 基准测试中表现卓越，超越了以前的大型语言模型和大多数最先进的系统。特别是在 MMLU 基准测试中，包括 57 个科目的英语多项选择题，GPT-4 不仅在英语中表现出色，还在其他语言中表现良好。在 MMLU 的翻译变体中，GPT-4 在 26 种语言中有 24 种的表现超过最先进水平，显示了其在多语言任务上的通用性和性能。

支持多模态输入，GPT-4 的一个显著的特点，是具备处理多模态输入的能力。除了支持纯文本输入外，GPT-4 还能够接受图像输入，并生成理解图像的文本回答。这使得 GPT-4 更为强大，适用于多种不同类型的信息处理任务。

尽管 GPT-4 具备卓越的能力，但仍然存在一些类似于早期 GPT 模型的局限性。这些局限性包括：模型并不完全可靠，可能会生成不准确或误导性的输出；具有有限的上下文窗口，难以处理非常长或复杂的文本，以及无法从经验中学习。因此，在关键应用领域中，特别是在可靠性至关重要的情境中，需要谨慎使用 GPT-4 的输出。

11.2.3　其他大模型介绍

随着 ChatGPT 的大放异彩，大语言模型（LLM）开始受到人们更多的关注。LLM 是指包含数千亿（或更多）参数的语言模型，这些模型是在大规模文本数据上进行训练的。大语言模型展现了理解自然语言和解决复杂任务的强大能力。除了 ChatGPT 外，各大厂商与高校也相继推出了自己的大语言模型项目。

下面针对主要的开源的大语言模型 LLaMA、BLOOM、GLM 进行一个简单的介绍。

1）LLaMA

LLaMA 是 Meta AI 发布的包含 7B、13B、33B 和 65B 四种参数规模的基础语言模型集合，LLaMA-13B 仅以 1/10 规模的参数在多数的 benchmarks 上性能便优于 GPT-3（175B），LLaMA-65B 与业内最好的模型 Chinchilla-70B 和 PaLM-540B 比较也具有竞争力。

2）BLOOM

BLOOM 是 BigScience（一个围绕研究和创建超大型语言模型的开放协作研讨会）中数百名研究人员合作设计和构建的 176B 参数开源大语言模型，同时，还开源了 BLOOM-560M、BLOOM-1.1B、BLOOM-1.7B、BLOOM-3B、BLOOM-7.1B 五个参数规模相对较小的模型。BLOOM 是一种 decoder-only 的 Transformer 语言模型，它是在 ROOTS 语料库上训练的，该数据集包含 46 种自然语言和 13 种编程语言（总共 59 种）的数百个数据来源。实验证明 BLOOM 在各种基准测试中都取得了有竞争力的表现，在经过多任务提示微调后取得了更好的结果。BLOOM 的研究主要针对当前大多数大语言模型由资源丰富的组织开发并且不向公众公开的问题，研制开源大语言模型以促进未来使用大语言模型的研究和应用。

3）GLM

GLM 系列模型由清华智谱 AI 发布，其中包括 GLM-130B、ChatGLM、ChatGLM-6B、ChatGLM2-6B 等模型，其中 GLM-130B 是一个开放的双语（英汉）双向密集预训练语言模型，拥有 1300 亿个参数，使用通用语言模型（General Language Model，GLM）的算法进行预训练。2022 年 11 月，斯坦福大学大模型中心对全球 30 个主流大模型进行了全方位的评测，GLM-130B 是亚洲唯一入选的大模型。GLM-130B 在广泛流行的英文基准测试中性能明显优于 GPT-3 175B（davinci），而对 OPT-175B 和 BLOOM-176B 没有观察到性能优势，它还在相关基准测试中性能始终显著优于最大的中文语言模型 ERNIE 3.0 Titan 260B。GLM-130B 无须后期训练即可达到 INT4 量化，且几乎没有性能损失；更重要的是，它能够在 4×RTX 3090（24GB）或 8×RTX 2080 Ti（11GB）GPU 上有效推理，是使用 100B 级模型最实惠的 GPU 需求。

11.3　大模型在 NLP 领域应用场景

大语言模型是由庞大语料库训练而成的，融合了各种语言知识和语言规律的人工智能模型。它具备对自然语言进行理解、生成和处理的能力，并能够在各种任务中表现出相当高的水平，下面将会列举一些在自然语言处理领域常见的应用场景。

11.3.1　对话生成

大语言模型的一大优势在于具有出色的文本生成能力，在智能客服等人机对话领域可以快速地得到应用，传统的智能客服产品回答问题时可能会给用户留下"呆板"的印象，基本上回答内容都是预先写好的模板，能够回答的问题也有限。而大语言模型能够根据用户的问题和对应的标准答案，给出个性化的答案，用户体验上已经不太容易分辨出是人工客服还是机器客服了，这一点是很明显的提升。

尽管在智能客服领域，使用大型语言模型的前景似乎充满乐观，然而在某些正式严肃的应用场景中，仍然会面临相当大的挑战。其中一个最为显著的困难源于前文提及的大型语言模型幻觉问题。在这一问题中模型表现出似乎理解了输入内容，但实际上却是片面、错误或误导性的回答。

在高度专业化领域，如金融投资、医疗诊断、法律咨询领域，精确性和可靠性至关重要。大型语言模型可能无法真正理解领域的复杂性，从而难以提供准确的建议或答案。此外，即使模型曾在训练数据中见过类似的情况，也可能缺乏对实际情况的深刻理解，因为它缺乏实际经验和人类专业知识。

11.3.2　文本匹配

尽管对话生成是大型语言模型的一项强大能力，但正如前文所述，它在某些正式业务场景中可能产生片面、错误或误导性的回答，在此类情境下，这类回答是不能被接受的。考虑到当前阶段大型模型难以完全避免这种情况，可以利用大语言模型的文本匹配能力，来确保产生答案的可控性，整体流程如图 11-10 所示。

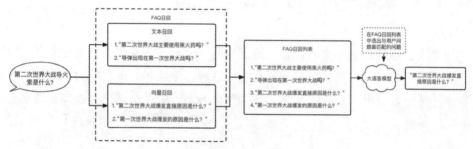

图 11-10　利用大语言模型的文本匹配能力

正如图 11-10 所示，在文本匹配的过程中，首先结合用户的问题"第二次世界大战导火索是什么？"使用文本和向量召回的方式，召回多条待匹配的FAQ，接着通过提示词让大模型在 FAQ 召回列表中选出与用户问题最匹配的问题："第二次世界大战导火索是什么？"通过使用大型语言模型将用户的提问匹配到对应的 FAQ 上，可以在一定程度上确保所提供的答案确定性。

11.3.3　分类任务

在当今社交媒体和互联网大发展的时代，人们每天都会面临大量的文本、图片、音频、视频内容，包括社交媒体帖子、新闻文章、评论、聊天等。了解这些内容中的情感和情绪对于个人和企业来说都是很重要的。情绪识别和情感分析本质上是一种分类任务，随着人工智能的发展，可以利用自然语言处理技术中的分类来解决这些问题。当然，大模型也具备这类能力。

情感分析是通过分析文本中的感情色彩，判断文本所表达的情感是积极的、消极的还是中立的。ChatGPT 可以通过训练来进行情感分析。首先，需准备一个大量的带有标签的情感数据集，其中包含了大量文本和对应的情感标签。其次，可以使用 ChatGPT 进行有监督学习，训练它来预测文本的情感标签。最后，可以使用 ChatGPT 来对新的文本进行情感分析。

　　情绪识别是通过分析文本中的情绪，判断文本中所表达的情绪是愤怒、喜悦、悲伤还是其他情绪。和情感分析相似，情绪识别亦可以用 ChatGPT 来实现。需准备带有标签的情绪数据集，其中包含了不同情绪文本。之后，再使用 ChatGPT 进行有监督学习、训练来预测文本情绪标签。训练完成后，可使用 ChatGPT 来进行情绪识别。如图 11-11 所示是 GPT 进行情感分析的例子。

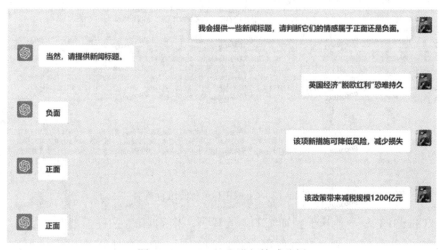

图 11-11　ChatGPT 进行情感分析

11.3.4　文本摘要

　　文本摘要是指通过各种技术，对文本或文本集合，抽取、总结或是精练其中的要点信息，用以概括和展示原始文本的主要内容或大意。作为文本生成任务的主要方向之一，从本质上而言，这是一种信息压缩技术。

　　文本摘要的实现方法有很多种。基于统计学的方法：使用统计模型来分析文本，然后提取关键信息，最常用的是 TF-IDF（词频—逆文档频率）算法和 TextRank 算法。基于机器学习的方法：使用机器学习算法来训练模型，然后使用模型来提取摘要，最常用的是支持向量机（SVM）和朴素贝叶斯（Naive Bayes）算法。基于深度学习的方法：使用深度学习算法来训练模型，然后使用模型来提取摘要。最常用的是循环神经网络（RNN）和卷积神经网络（CNN）。基于规则的方法：使用人工定义的规则来提取摘要，最常用的是基于句法结构的方法和基于语义分析的方法。基于图模型的方法：使用图模型来表示文本中的关系，然后使用图算法来提取摘要，最常用的方法是基于最小生成树的方法和基于图神经网络的方法。

　　同样的，在文本摘要任务中，大模型也表现出了较好的能力，ChatGPT通过对输入文本的理解和分析，能够提取出关键信息，并生成具有概括性的摘要。如图 11-12 所示是 ChatGPT 对一篇新闻内容进行了摘要。

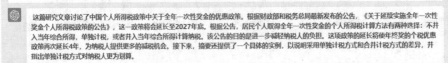

图 11-12　ChatGPT 对新闻进行摘要

　　ChatGPT 是一种基于预训练的语言模型，依靠 GPT 系列模型的"预训练 + 微调"框架，可完成多种自然语言处理的任务。除了以上四个应用场景之外，大模型在实体识别、关系抽取、文本生成等方面都有较好的表现，这里就不再一一例举，有兴趣的读者可以自行使用 ChatGPT 做一些尝试。

11.4　开发者如何使用大模型

11.4.1　提示词工程

1. 提示词工程介绍

　　首先我们需要弄清楚什么是提示词。提示词（prompt）是描述人工智能应该执行何种任务的指令。这样讲可能有点抽象，读者比较难理解，大家可以把它理解成：人跟机器（AI）交流的语言。想要让 ChatGPT 更好地输出内容，就需要让提示词更为精准。类似于搜索引擎使用时，我们输入的关键词。只有关键词输入精准了，才能得到我们想要的答案。提示词也是一样，比如我们在使用 ChatGPT 时，要明确描述清楚任务，要提供精准的、机器不用选择的条件，并且用精准的回答形式来反馈。

提示词工程（Prompt Engineering）是一种在人工智能领域，特别是自然语言处理领域的概念，它是指如何设计输入数据，使其能够清楚地描述任务，并引导模型给出正确和合理的输出。

比如，想让大语言模型回答"北京有什么小吃"这个问题，可以让大语言模型执行输入"北京的著名小吃是什么"，这个输入的内容就是提示词，提示词可以是"北京的著名小吃是什么"，也可以是"提供一份健康早餐食谱"之类的命令等。

正确的应用提示词在使用大模型时十分重要，运用大型语言模型时，常常会遇到模型的回答偏离问题主题或提供不太准确的答案，导致这种情况的原因可能是提示词不够合理，比如过于宽泛缺少细节，导致模型所产生的回答无法满足特定需求。以健康早餐设计为例，如果问题是"提供一份健康早餐食谱"，模型可能回复一般性的建议，内容相对模糊，如图 11-13 所示。

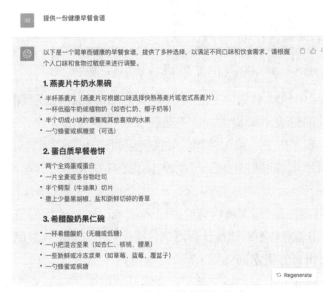

图 11-13　较为简单的提问方式

如图 11-13 所示，模型给出了 3 种食谱来供选择，整体的回答相对宽泛。如果想要得到更有针对性的答案，可以对问题内容进行进一步改进，比如提供更为关注的细节，包括热量范围、食材喜好以及食物偏好等。比如可以将问题修改为"需要一份适用于办公室工作日早上的健康早餐食谱，所含热量限制在 300~400 卡路里。要求考虑主食、蛋白质、蔬菜的搭配。对牛奶有喜好，

喜欢煎蛋，但不喜欢糕点类食物。请提供一些富含营养的选择"。如图 11-14
所示。

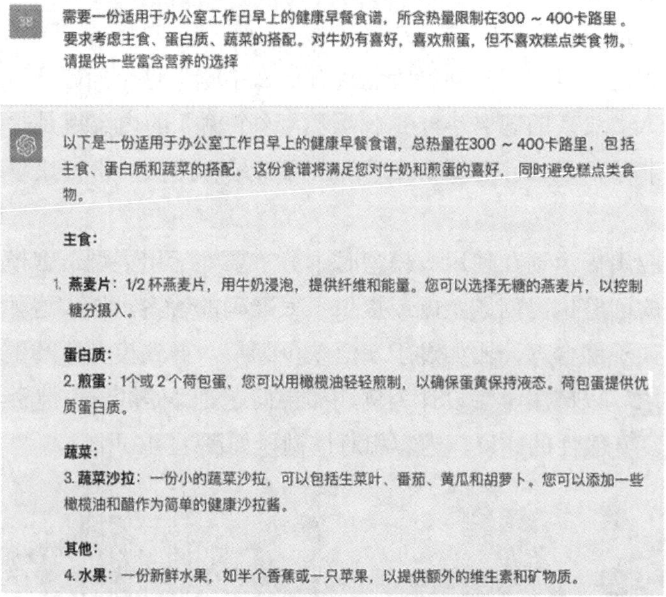

图 11-14　提供较多细节的提问方式

在图 11-14 中能够看到，通过提供更多的细节描述，模型能够更准确地
生成符合要求的健康早餐食谱，而不是仅仅给出笼统的建议。这种方式类似
于通过问题地教育孩子。正如措辞巧妙的问题可以引导孩子的思维过程一样，
精心设计的问题也可以引导人工智能模型，尤其是大型语言模型实现特定的
输出。

同时也可以看出将构建提示词的过程称为"工程"，是因为整个过程就像工
程项目一样，需要对其不断地设计、测试、迭代，才可能达到最优的效果。

2. 如何写出良好提示词

提示词是确保人类与大语言模型有效沟通的桥梁。确保大语言模型理解每
个查询背后的上下文、细微差别和意图，才能够得到准确的符合预期的反馈。
下面简单介绍一下构成一个良好的提示词的几个方法。

1）指令清晰

提供细节。在提问的时候，需要在问题里包含相关的、重要的细节。否则
的话，模型就会给出一个较为宽泛的答案，如前文提到的"提供一份健康早餐
食谱"，更好的提示词是"需要一份适用于办公室工作日早上的健康早餐食谱，

所含热量限制在 300~400 卡路里。要求考虑主食、蛋白质、蔬菜的搭配。对牛奶有喜好，喜欢煎蛋，但不喜欢糕点类食物。请提供一些富含营养的选择"。

明确模型所扮演的角色。让模型知道是以什么样的角色来回答问题，如以下提示词：

"我希望您充当广告商。您将创建一个活动来推广您选择的产品或服务。您将选择目标受众，制定关键信息和口号，选择促销媒体渠道，并决定实现目标所需的任何其他活动。我的第一个建议请求是'我需要为一种针对 18~30 岁年轻人的新型能量饮料制作广告活动'。"

提供例子来让模型理解需求。在一些风格特殊、任务难以用语言描述的场景下，通过一个示例是较好的方式，如以下提示词：

"你是一个旅行博主，我会在三重引号""" """"内给你提供示例。你模仿示例，给出两个答案。提示词：告诉我关于上海的事。""" """提示词：告诉我关于巴黎的事。回答：巴黎，犹如一首经久不衰的交响乐，每个角落都充满了艺术与浪漫的气息；埃菲尔铁塔、卢浮宫、塞纳河都如同乐章，述说着这座城市的历史与未来"""""。

2）提供参考文本

当想要引导模型生成特定领域的答案时，为了避免模型因为缺乏相关的背景知识导致回答出错，可以提供给模型可信的、与问题相关的信息。

可以将这个过程比喻成写作业的情境。就像在写作业时，老师提供了参考资料，这些资料是可信的、与题目相关的。学生可以依据这些资料来构建自己的答案，确保答案是准确且有根据的。在与模型互动时，我们也可以为模型提供类似的信息，让它在生成答案时是基于一个可信的数据源。这种方式可以一定程度上缓解模型的幻觉问题。如以下提示词：

"基于以下文档'2023 年 9 月 1 日上午，特斯拉官方正式发布了新款 Model 3 的预售价格。新车提供两个版本，后驱单电机版预售价 25.99 万元，CLTC 续航 606 km；长续航双电机版预售价 29.59 万元，CLTC 续航 713 km。和老款对比，新款 Model 3 在长宽高上差距不明显。在动力上，单电机的 Model 3 电机最大功率 194 kW/340 Nm，百公里加速时间 6.1 秒；长续航双电机的 Model 3 电机最大功率 331 kW/ 559 Nm，百公里加速时间 4.4 秒。'回答问题：'新款 Model 3 的预售价格是多少'"，如图 11-15 所示。

如图 11-15 所述例子，模型原本不具有回答新款 Model 3 的预售价格的知识，但是通过提供参考文本的方式，可以让模型能够回答对应的问题。同时也可以进一步地要求模型给出是根据材料的哪一部分做出的回答，来确认这些引用的文字是否真的存在，如图 11-16 所示。

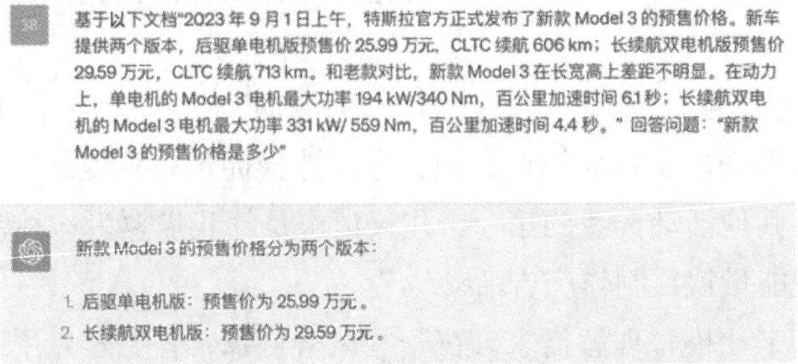

图 11-15　通过提供参考文本的方式使用提示词

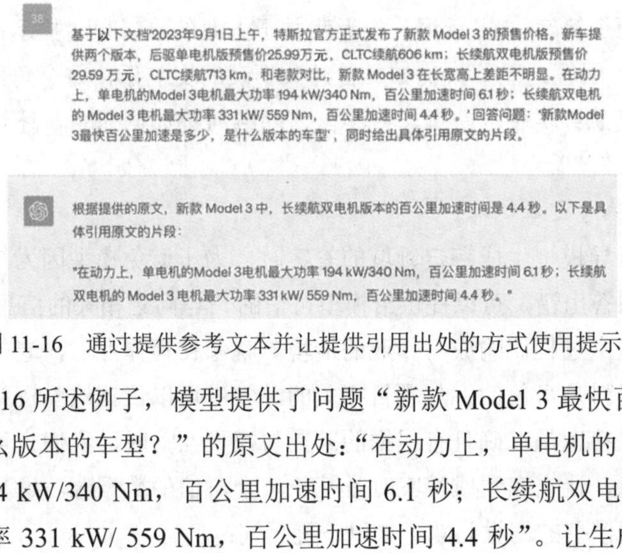

图 11-16　通过提供参考文本并让提供引用出处的方式使用提示词

如图 11-16 所述例子，模型提供了问题"新款 Model 3 最快百公里加速是多少，是什么版本的车型？"的原文出处："在动力上，单电机的 Model 3 电机最大功率 194 kW/340 Nm，百公里加速时间 6.1 秒；长续航双电机的 Model 3 电机最大功率 331 kW/ 559 Nm，百公里加速时间 4.4 秒"。让生成的答案更加具有说服力。

11.4.2　使用 LangChain 开发大模型应用

1. 什么是 LangChain

LangChain 是一个帮助开发者构建由大型语言模型驱动的应用程序的库。它通过提供一个连接大语言模型与其他数据源（如互联网或个人文件）的框架来实现这一点。这使得开发者可以将多个命令链接在一起，创建更复杂的应用程序。

在简单地使用大语言模型场景中，只需要把一个简单的提示词与模型交互一次得到结果即可完成。但是一旦任务增加了复杂性，如需要将模型与外部数据连接起来，如上文需要去获取新款 Model 3 的介绍文档，而模型本身并不知道新款 Model 3 的相关知识，或者让模型执行一些动作，如执行一段代码，调用外部的一个功能，事情就会变得复杂，LangChain 提供了解决这个问题的方法。下面介绍 LangChain 的几种重要的组件。

模型 I/O（Model I/O）：模型 I/O 模块提供了语言模型的基础构建接口，整个模型的构建包括输入部分、大语言模型构建部分、输出部分。在整个工作流程中，数据通过一定的格式（Format）组织起来，送入模型中进行预测（Predict），最后将预测结果进行解析（Parse）输出。

检索（Retrieval）：许多大型语言模型应用程序需要用户特定的数据，这些数据不包括在模型的训练集中。实现这一目标的主要方式是通过检索外部数据来提供生成的内容。在这个过程中，外部数据被检索，然后在生成步骤中传递给大语言模型。

链（Chain）：单独使用大语言模型，如一次请求即可获取结果，适用于简单的应用，更复杂的应用需要将大语言模型或者不同的组件功能串联在一起。LangChain 为这种"串联"应用提供了 Chain 接口。

代理（Agent）：代理的核心思想是使用 LLM 来选择一系列要采取的操作步骤。在链中，操作步骤是硬编码的（以代码形式）。在代理中，使用语言模型作为推理引擎来确定要采取哪些操作以及以什么顺序采取。

记忆（Memory）：在链的多次运行之间保持应用程序状态。大多数大语言模型的应用都具有基于上文对话交互的功能。基于上文对话的一个重要组成部分是能够引用先前在对话中引入的信息。至少应该能够直接访问一定交互轮次的上文信息。

这种存储有关过去互动的信息的能力称为"记忆（Memory）"。LangChain 提供了许多用于向系统添加记忆的工具。这些工具可以单独使用，也可以无缝地纳入链中。

内存系统需要支持两种基本操作：读和写。每个链都定义了一些核心执行逻辑，期望某些输入。其中一些输入直接来自用户，但一些输入可以来自内存。

在接收到初始用户输入之后在执行核心逻辑之前，链将从其记忆系统中读取数据并扩充用户输入。在执行核心逻辑后返回答案之前，链将当前运行的输入和输出写入记忆，以便在未来运行中可以引用它们。

回调（Callbacks）：LangChain 提供了一个回调系统，允许在大语言模型应用程序的各个阶段设置回调，比如在调用大语言模型的时候，链开始执行或执行异常的时候。这对于记录、监控、流式传输和其他任务非常有用。

2. 使用 LangChain 示例

下面通过一个构建本地知识库问答机器人的例子来简单地介绍一下LangChain 的使用，整个过程如图 11-17 所示。

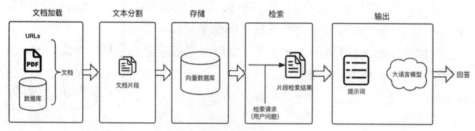

图 11-17　使用 LangChain 完成基于知识库问答的流程

如图 11-17 所示，为了构建本地知识库问答机器人，需要完成以上 5 步。下面针对上述的每一步拆解一下具体代码的实现。

（1）文档的加载。具体代码如下。

```
from langchain.document_loaders import DirectoryLoader
# 本地知识库存储在 "/knowledge/data/" 路径下，加载所有的知识
loader = DirectoryLoader('/knowledge/data/', glob='**/*.txt')
# 将数据转成 document 对象，每个文件会作为一个 document
documents = loader.load()
```

上述代码指定一个 DocumentLoader 来加载非结构化数据作为文档，这里具体使用的是 DirectoryLoader 完成对文件目录下的文件进行加载。

（2）文本分隔。具体代码如下。

```
from langchain.text_splitter import CharacterTextSplitter
# 初始化加载器
text_splitter = CharacterTextSplitter(chunk_size=100, chunk_overlap=0)
# 切割加载的 document
split_docs = text_splitter.split_documents(documents)
```

为了提升检索效率，避免检索与特定查询相关的文档，系统只检索并且返回包含相关信息的块，而不是整个文档。需要将大段的文档进行拆分，用于后续向量存储。

（3）**存储**。具体代码如下。

```
from langchain.embeddings.openai import OpenAIEmbeddings
from langchain.vectorstores import Chroma
from langchain import OpenAI
# 初始化 openai 的 embeddings 对象
embeddings = OpenAIEmbeddings()
```

将 document 通过 openai 的 embeddings 对象计算 embedding 向量信息并临时存入 Chroma 向量数据库，用于后续匹配查询：

```
docsearch = Chroma.from_documents(split_docs, embeddings)
```

为了能够查找拆分后的文档，首先需要将它们存储在一个后续能够查询的地方。最常见的方法是将每个文档片段的内容向量化，然后将文档片段向量存储在向量数据库中，文档片段向量之后用于检索文档。

（4）**检索**。具体代码如下。

```
question = " 开通信用卡我应该准备什么资料 "
docs = vectorstore.similarity_search(question)
```

以上代码使用相似性搜索来检索和问题相关的文档片段。

（5）**输出**。具体代码如下。

```
# 创建问答对象，在 from_chain_type 方法内部完成的检索的步骤
llm = ChatOpenAI(model_name="gpt-3.5-turbo", temperature=0)
qa = RetrievalQA.from_chain_type(llm, retriever=docsearch.as_retriever())
# 进行问答
result = qa({"query": " 开通信用卡我应该准备什么资料 "})
print(result)
```

上述代码使用大语言模型（这里指定的是 gpt-3.5-turbo）以及 RetrievalQA 链将检索到的文档提炼成答案。

基于上述 5 步完整的代码如下。

```
from langchain.embeddings.openai import OpenAIEmbeddings
from langchain.vectorstores import Chroma
from langchain.text_splitter import CharacterTextSplitter
from langchain import OpenAI
from langchain.document_loaders import DirectoryLoader
from langchain.chains import RetrievalQA

# 本地知识库存储在 "/knowledge/data/" 路径下，加载所有的知识
loader = DirectoryLoader('/knowledge/data/', glob='**/*.txt')
# 将数据转成 document 对象，每个文件会作为一个 document
```

```
documents = loader.load()

# 初始化加载器
text_splitter = CharacterTextSplitter(chunk_size=100, chunk_overlap=0)
# 切割加载的 document
split_docs = text_splitter.split_documents(documents)

# 初始化 openai 的 embeddings 对象
embeddings = OpenAIEmbeddings()
# 将 document 通过 openai 的 embeddings 对象计算 embedding 向量信息并临时存入
Chroma 向量数据库，用于后续匹配查询
docsearch = Chroma.from_documents(split_docs, embeddings)

# 创建问答对象
llm = ChatOpenAI(model_name="gpt-3.5-turbo", temperature=0)
qa = RetrievalQA.from_chain_type(llm, retriever=docsearch.as_retriever())
# 进行问答
result = qa({"query": "开通信用卡我应该准备什么资料"})
print(result)
```

如上所示，使用 LangChain 通过不到 100 行代码便可以完成一个知识库问答系统的核心功能。利用不同功能的 API 与提示工程，大语言模型改变了 AI 产品的构建方式。而 LangChain 是使用这些能力构建 AI 产品的最流行的工具之一。

11.5 ChatGPT 面对的挑战

ChatGPT 在许多任务中展示出令人瞩目的能力，然而 ChatGPT 也带来了一些挑战，其中包括幻觉与偏见的问题。虽然 ChatGPT 可以产生看似高质量的文本，但其所生成的内容也引发了一系列重要的议题，包括幻觉与偏见，以及数据隐私问题。

11.5.1 偏见与幻觉

在生成文本时，ChatGPT 可以从其在训练中接触到的广泛文本数据中获得信息。然而，这也可能导致它传递不准确、偏见或错误的信息。由于在互联网上的数据中可能受到现有社会偏见的影响，ChatGPT 可能会在生成内容时反映出这些偏见，从而传播和强化偏见。比如，一个模型被要求描述其职业的特点，如工程师和护士。如果模型在训练数据中接触到了常见的性别刻板印

象，比如将工程师与男性联系，将护士与女性联系，那么它在生成描述时可能会强化这些偏见，模型可能会生成类似以下内容："工程师通常是男性，他们负责设计复杂的技术解决方案。护士通常是女性，她们关心病人的健康并提供照顾。"

　　ChatGPT 可能放大现有的认知偏见，因为它的训练数据是从现实世界中提取的，可能会反映出社会、文化和性别等方面的偏见。如果用户没有意识到这一点，他们可能会错误地认为 ChatGPT 生成的信息是客观中立的，从而进一步加剧现有的偏见，形成一个负向影响的循环。

　　对于 ChatGPT 来说，另一个挑战是幻觉，即生成的内容可能会给人以虚假的信息，让那个人误以为这些信息是准确的。虽然 ChatGPT 的回答可能听起来很自信，但这并不意味着它能够总是提供正确的答案，正所谓"一本正经的胡说八道"。用户可能会被误导，错误地认为生成的信息是可信的，而忽略了验证的重要性。比如，让 ChatGPT 讲一下"林黛玉倒拔垂杨柳"的故事，虽然这一内容并不是《红楼梦》中的故事，然而 ChatGPT 不光说这是《红楼梦》的著名情节，还指出了这一故事来源于具体的章节，这样的回答还是很具有迷惑性的，如图 11-18 所示。

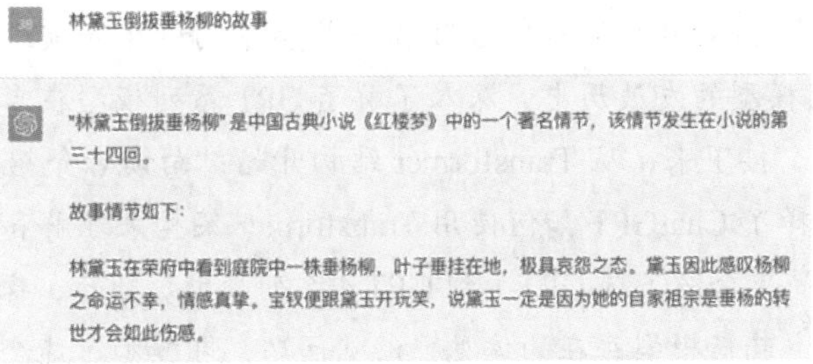

图 11-18　ChatGPT 生成的"林黛玉倒拔垂杨柳"的故事

　　消除 ChatGPT 的幻觉是一个复杂的问题，因为这涉及模型的改进、训练数据和评估方法等多个因素。通常有以下一些思路：微调大模型、调整提示词、用知识库进行限制。OpenAI 在一项最新研究中提出了减轻 ChatGPT"幻觉"、实现更好对齐的新方法——通过"过程监督"来提高 AI 大模型的数学推理能力。OpenAI 对抗 AI"幻觉"的新策略是：奖励每个正确的推理步骤，而不是简单地奖励正确的最终答案。研究人员表示，这种方法被称为"过程监督"，而不是"结果监督"。虽然现在有很多方法用于降低幻觉的发生，但是目前 ChatGPT 幻觉问题还不能被彻底解决。

11.5.2　数据隐私问题

随着 ChatGPT 的广泛应用，与之相关的数据隐私问题也变得越发突出。自 ChatGPT 发布以来，曾涉及多起引发隐私安全担忧的事件。2023 年 3 月，意大利暂时禁止使用并就 OpenAI 聊天机器人 ChatGPT 涉嫌违反数据收集规则展开调查，同时暂时限制 OpenAI 处理意大利用户数据。同年三星公司在引入 ChatGPT 的近 20 天时间内，发生 3 起数据外泄事件，其中 2 次和半导体设备有关，1 次和内部会议有关。据悉，这导致半导体设备测量资料、产品良率原封不动传输至美国公司。三星员工直接将企业机密信息以提问的方式输入 ChatGPT 中，会导致相关内容进入学习数据库，从而可能泄露给更多人。

解决 ChatGPT 的数据隐私问题不仅是出于个体权益的考虑，也是为了维护社会、法律和伦理规范，以及推动技术进步和可持续发展。随着数据隐私意识的提高，保护用户数据将成为更加重要的任务。

11.6　本章小结

本章探讨了 ChatGPT 及其在 GPT 系列模型中的诞生和演进历程。首先追溯了 GPT 系列模型的发展历史，深入了解了 GPT 系列模型在自然语言处理领域的演化过程。接下来，从 Transformer 结构开始，向读者介绍了 ChatGPT 的基本原理。解释了 ChatGPT 如何使用 Transformer 架构来理解和生成自然语言文本，为读者简单介绍了从 GPT-1 到 GPT-4 系列模型。随后，探讨了 ChatGPT 所面临的挑战，包括模型存在的偏见，幻觉问题，即模型可能会生成看似合理但事实上不准确或者带有固有偏见的信息。这些挑战突显了 AI 技术在伦理和准确性方面还有较长的路需要探索。接下来，聚焦于 ChatGPT 和类似大型语言模型在人机对话场景中的应用。讨论了当前大语言模型在对话生成和对话分类场景中的用途，以及在一些严肃领域的潜在风险。最后，展示了如何有效地利用提示词工程和 LangChain 等技术来应用大型语言模型。这些方法可以帮助开发人员更好地利用大模型的能力。